KB053400

나만의 마카롱

MACARON FETISH

Copyright © 2013 Kim H. Lim-Chodkowski
Korean translation rights © 2015 Bookstory
All rights reserved.
This Korean edition published by arrangement with Skyhorse Publishing Inc., c/o Biagi Literary Management through Shinwon Agency Co., Seoul.

이 책의 한국어판 저작권은 신원 에이전시를 통한 저작권자와의 독점계약으로 '북스토리'에 있습니다.
저작권법에 의해 한국 내에서 보호를 받는 저작물이므로 무단전재와 무단복제를 금합니다.

스 위 트
쿠 킹
클래스 1

• 쉽게 만드는 달콤한 프랑스 마카롱의 세계 •

나만의 마카롱

K. H. 림 초드코우스키 지음 | 홍승원 옮김

북스토리 Life

나만의 마카롱

한 입에 사랑에 빠지다

Time to Bake Macarons

C'est l'amour dès la première bouchée

IMPORTED

CONTENTS *Time to Bake Macarons*

PART ONE

Classic

PART TWO

Fruits

PART THREE

Cocktails

PART FOUR

Theme & form

PART FIVE

Exotic

PART SIX

Advance

PART SEVEN

Special

Prologue

저는 말레이시아에서 자랐어요. 그곳은 다양한 인종과 문화, 배경을 가진 요리들로 가득했습니다. 그야말로 여러 문화와 이국적인 향미가 한데 모여 뒤섞이는 곳이었죠.

프랑스에 와서 드디어 프랑스 과자류를 맛보았을 때는 한 입에 사랑에 빠질 만한 맛이라는 것을 인정할 수밖에 없었어요. 제과 · 제빵에 품고 있었던 그간의 열정이 꽃을 피울 기회를 만난 순간이었죠. 많은 것을 가르쳐줄 수 있는 뛰어난 제빵사 시아버지가 있다는 것 역시 대단한 행운이었습니다.

제가 처음으로 맛본 마카롱은 초콜릿 마카롱이었어요. 바삭한 코크와 맛있는 필링이 혀끝에 녹아들었죠. 단것을 좋아하는 사람이 파리에서 마카롱을 안 먹으면 뭘 먹겠어요?

그렇게 2009년의 저는 처음으로 마카롱을 구워보겠다는 강한 결의에 가득 차 있었습니다. 시폰케이크보다 어렵겠냐며 도전을 했지만, 막상 해보니 너무 어려운 거예요!

오븐에서 나온 것은 트레이 한가득 납작하게 눌린 못생긴 쿠키 같은 마카롱들이었죠. 그땐 너무 크게 실망해서 다시는 마카롱을 굽지 않겠다고 생각하기도 했습니다.

남편의 격려, 몇 시간에 걸친 블로그와 조리법 검색, 쓰레기통 속으로 운명을 다한 수많은 달걀, 셀 수도 없는 실패가 없었다면, 저는 처음으로 피에가 살아 있는 마카롱을 만들어낼 수 없었을 거예요. 그때 저는 꼭꼭 숨어 있던 초콜릿 상자를 찾은 어린아이처럼 기뻐하며 주방을 방방 뛰어다녔답니다.

사실 제게 마카롱은 애증의 존재예요. 피에가 찬란하게 수놓인 코크를 기대하며 오븐에 코를 박고 상태를 확인해봐도 결과물은 금이 간 쿠키뿐이었던 날이 얼마나 많았는지 몰라요. 그러다 2010년, 블로그 맥트위트Mac Tweet에서 다른 마카롱 블로거들을 만났고, 그분들과 무한한 가능성의 색깔과 풍미를 가진 보석 같은 마카롱을 굽는 기쁨을 나누기 위해 '마카롱 페티시Macaron Fetish'라는 블로그를 만들었어요.

저는 이 책을 통해 간단하고 고전적인 마카롱부터 고급스러운 풍미가 있는 마카롱까지, 모든 마카롱을 아우르는 레시피를 여러분과 공유하려 해요. 이 책은 다양한 풍미와 이국적인 재료를 중점적으로 시도하고 다뤄봄으로써 마침내 동서양의 맛을 하나의 마카롱에 담아내고 있어요. 마치 다양성을 담고 있는 말레이시아와 프랑스 요리처럼 말이에요.

마카롱을 알아가는 재미를 이 책을 읽는 모든 사람과 나누고 싶어요.

상상의 날개를 펼치고 마음껏 즐겨보세요!

부디 행복한 마카롱 굽는 시간이 되길!

K. H. 림 초드코우스키

도구 준비

오븐과 베이킹 트레이

오븐의 모델이나 종류는 중요하지 않아요. 제빵 온도와 시간을 몇 도, 몇 초 단위로 조절해야 하기 때문에 지금 가지고 있는 자기 오븐에 익숙해지는 것이 가장 중요해요.

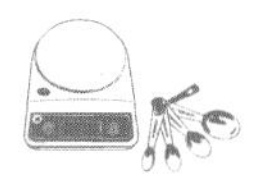

전자저울과 계량스푼

마카롱을 만들 땐 재료의 비율이 매우 중요하기 때문에 정밀한 전자저울을 쓰는 것이 이상적이에요.

푸드프로세서와 체

아몬드 가루와 슈거파우더는 푸드프로세서로 갈아 넣어야 매끄럽고 입자 고운 마른 반죽을 얻을 수 있어요. 단, 아몬드 가루는 너무 많이 갈면 아몬드의 유분이 나와 뭉쳐질 수 있으니 주의해서 갈아야 해요. 반죽에 불순물이 남아 있으면 마카롱 코크가 울퉁불퉁해지니, 체로 걸러 불순물을 제거하세요.

조리용 온도계와 믹싱 볼

버터크림이나 이탈리안 머랭Italian merinque을 만들 때 조리용 온도계를 쓰면 설탕 시럽의 온도를 정확하게 잴 수 있어요. 믹싱 볼은 반죽이나 머랭을 혼합할 때 사용해요.

핸드 믹서와 스탠드 믹서

핸드 믹서를 쓸 때는 원을 그리며 속도를 천천히 높이다가, 마지막엔 머랭이 단단하고 뾰족하게 올라올 때까지 빠르게 저어요. 스탠드 믹서가 있으면 머랭(흰자를 휘저어 거품을 낸 상태)을 치느라 손이 묶일 필요가 없어요.

실리콘 주걱(스패출러)

주걱은 '마카로나주'를 할 때 필요해요. 마카로나주는 머랭에 마른 재료를 넣고 반죽을 접듯이 뒤집어가며 섞는 과정이에요. 다른 재료보다 유연성이 좋은 실리콘으로 만든 주걱을 쓰면 달걀흰자 거품을 너무 많이 터뜨리지 않으면서 반죽을 잘 섞을 수 있어요.

짤주머니와 둥근 깍지

4cm 크기의 기본 마카롱을 만들 땐 8~10mm 크기의 원형 깍지를 쓰면 돼요. 코크를 장식할 땐 더 작은 깍지를 쓰고요. 이 책은 8mm짜리 8번 깍지를 사용했어요.

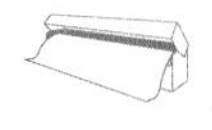

유산지나 테플론시트

음식물이 눌어붙지 않게 가공한 유산지만 써요. 그래야 구워진 마카롱 코크를 식히고 나서 쉽게 뗄 수 있어요. 재활용이 가능한 테플론시트를 사용해도 마카롱이 쉽게 잘 떨어져요.

I Do

재료 준비

아몬드 가루

슈퍼마켓 제과 · 제빵 코너에서도 좋은 아몬드 가루를 손쉽게 구할 수 있으니 굳이 집에서 아몬드를 갈아 쓸 필요가 없어요. 아몬드 가루를 찾을 수 없다면 아몬드 껍질을 벗겨 슬라이스하거나 잘게 부순 제품을 사서 푸드프로세서로 갈아보세요. 입자가 고운 아몬드 가루를 얻을 수 있어요. 단, 콘스타치(옥수수 전분)가 들어간 것은 마카롱에 금이 생기기 쉬우니 피하는 게 좋아요.

슈거파우더와 설탕

아몬드 가루와 섞을 때는 슈거파우더를, 머랭을 만들 때는 정백당(또는 가루설탕)을 써요. 슈거파우더는 순수한 슈거파우더, 또는 올리고당이 함유된 것으로, 콘스타치가 들어간 것은 피해요.

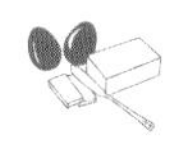

버터와 달걀노른자

버터와 달걀노른자는 버터크림의 주재료예요.

달걀흰자

달걀이 너무 신선해도 잘된 머랭을 만들기 어려워요. 저는 하루 전부터 달걀흰자를 밀폐 용기에 넣어두고 다음 날까지 실온에서 보관해요. 달걀흰자를 밀폐 용기에 담아 냉장고에 넣으면 7일까지 보관할 수 있어요.

제빵용 초콜릿과 생크림

마카롱 속에 넣을 초콜릿 가나슈를 만들 때는 전문가용 고급 제빵용 초콜릿이 이상적이에요. 당도가 낮을 뿐 아니라 맛과 질이 더 뛰어나거든요. 초콜릿 가나슈에 넣는 크림은 지방 함유량이 높은 생크림을 사용해요.

식용색소 가루

액상 타입보다는 마카롱 반죽에 수분을 더하지 않는 가루 타입이 좋아요. 식용색소 가루를 구하기 힘들다면 페이스트나 액상 식용색소를 소량으로 사용하세요. 액상 색소는 색상이 좀 더 연하게 나와요.

꾸밈 재료

제과 · 제빵 코너에서 캔디드플라워, 말린 꽃잎, 곡물, 펄슈거 등 마카롱 페티시의 판타지를 현실로 이뤄줄 다양한 꾸밈 재료를 찾을 수 있어요.

과일과 양념, 잼, 향신료

꼭 초콜릿 가나슈가 아니라도 상상할 수 있는 재료를 뭐든지 섞어 마카롱 필링을 만들어낼 수 있어요. 창의력을 발휘하며 재미있게 탐구해보세요.

마카롱을 만들기 전에 알아두면 좋아요!

마카롱은 프랑스의 식탁에서 자주 볼 수 있는 작은 아몬드 과자입니다. 예전에는 아무나 만들 수도 없고, 레시피도 일부 소수의 사람들에게만 공유되어 만들어졌기 때문에 귀족과 상류층의 많은 사랑을 받았지요. 지금은 프랑스 전국 각지에서 다양한 마카롱을 맛볼 수 있답니다.

마카롱 만들기 전, 알아두어야 할 용어

코크 Coque　크림 위아래의 '껍질'의 프랑스어로, 마카롱의 쉘Shell을 말함.

피에 Pied　'발'의 프랑스어로, 코크의 바닥 부분에 생긴 물결 무늬. '프릴'이라고도 함.

필링 Filling　코크와 코크 사이의 크림.

머랭 Meringue　달걀흰자에 설탕과 향료를 넣고 휘저어 거품을 낸 상태.

마카로나주 Macaronage　머랭에 마른 재료를 넣고 반죽을 접듯이 뒤집어가며 섞는 과정.

폴딩 Folding　'들어올리기–뒤집어 접기–누르기'의 마카로나주의 한 과정.

코크
피에
필링

내가 만든 마카롱은 왜 실패한 걸까?

case 1.

Q **마카롱에 금이 갔어요.**

A 1. 오븐이 너무 뜨거웠을 거예요. 온도를 10도 정도 낮추고, 제빵 시간을 4분 정도 늘려보세요.
2. 폴딩이 부족하면 마카롱에 금이 가요. 본 책의 '실패 없는 마카롱을 만드는 체크 포인트'를 따라 해보세요.

case 2.

Q **마카롱 크기가 들쭉날쭉해요.**

A 유산지 뒷면에 4cm 크기의 동그라미를 2cm 간격으로 그리세요. 유산지를 뒤집고 선에 맞춰 반죽을 짜면 됩니다. 또는 다른 종이에 그려서 유산지 밑에 깔고 반죽을 짠 후, 종이를 빼고 구워도 됩니다.

case 3.

Q **화이트마카롱이 하얗지 않아요.**

A 일반적인 제과점에서 화이트마카롱을 만들 때 넣는 식용색소는 '티타늄옥시드'예요. 꼭 그게 아니라도 아무 흰색 색소를 넣으면 도움이 돼요. 식용색소 가루 백색을 넣어도 좋긴 하지만 개인적인 경험으로는 마카롱 색깔이 좀 더 아이보리색으로 나오는 것 같아요. 색이 연한 마카롱은 굽고 나면 갈색을 띠는 경향이 있어요. 오븐 온도를 10°C 정도 낮추고 제빵 시간을 늘리면 도움이 돼요.

case 4.

Q 마카롱이 너무 볼록하거나 마카롱이 평평하고 피에가 없어요.

A 마카롱이 볼록하고 표면이 거칠다면 폴딩이 부족한 거예요. 반대로 너무 평평하면 폴딩을 너무 많이 한 거고요. 폴딩을 멈추는 타이밍을 아는 것이 예쁜 피에를 얻는 열쇠랍니다. 본 책의 '실패 없는 마카롱을 만드는 체크 포인트'를 참고하세요.

case 5.

Q 코크가 시간이 지나도 건조되지 않아요.

A 마카로나주가 너무 많이 진행되면 질척한 상태가 되어 코크가 건조되지 않을 때가 있어요. 마카로나주의 횟수를 줄이고 '실패 없는 마카롱을 만드는 체크 포인트'를 잘 보면서 반죽의 상태를 확인하세요. 또한 장마철같이 습도가 너무 높은 경우에도 반죽이 마르지 않을 수 있으니 주의해서 반죽해야 해요.

case 6.

Q 코크가 오븐용 트레이에 달라붙어요.

A 코크가 덜 익었네요. 코크를 식혀도 잘 안 떨어지면 150°C로 예열한 오븐에 다시 넣고 2~4분을 더 구우세요.

case 7.

Q 오븐에 위, 아래를 구분해서 예열할 수 있는 기능이 없어요.

A 예열 온도를 140°C로 낮추세요. 결국 가장 중요한 것은 오븐의 온도랍니다. 유독 더 뜨겁게 가열되는 오븐도 있거든요. 그래서 여러 번 시도해보면서 경과를 기록하세요.

case 8.

Q 가루 타입 식용색소를 구할 수가 없어요.

A 페이스트나 액상을 사용하세요. 단단한 머랭이 완성되면 색소를 넣은 다음에 마른 재료를 넣고 폴딩하세요. 액상 색소는 꼭 조금만 넣고, 조리 후 색상이 훨씬 연하게 나온다는 것을 기억하세요. 아이싱용 식용색소 가루나 페이스트, 젤 타입 식용색소를 쓰는 것도 좋은 방법이에요.

실패 없는 마카롱을 만드는 체크 포인트

시행착오

시행착오를 겪어봐야 뭐가 되고, 뭐가 안 되는지 알 수 있어요. 마카롱을 잘 굽는 비법은 없어요. 성공의 핵심 요소는 마카로나주와 오븐 세팅, 이 2가지입니다.

적은 양

적은 양부터 시작하세요. 제 레시피는 실패했을 때 낭비를 최소화하기 위해 달걀흰자를 하나씩만 쓰고 있어요. 코크를 더 많이 구우려면 그만큼 재료의 양을 곱하면 됩니다.

머랭

머랭을 칠 때는 거품을 낸 흰자에 설탕을 반만 넣고, 천천히 휘핑하다가 점점 속도를 높여 최고 속도를 유지하세요. 그다음 나머지 설탕을 넣고 뾰족한 뿔이 단단하게 올라올 때까지 중간 속도에서 치다가 조금씩 속도를 줄입니다. 완성된 머랭은 매끄럽고 윤이 나야 해요.

반죽(마카로나주와 폴딩)

머랭에 마른 재료를 섞을 때(마카로나주) 처음 몇 번은 주걱을 강하게 움직여 머랭에 일부 남아 있는 공기 방울을 없애요. 그다음엔 '들어올리기-뒤집어 접기-누르기'(폴딩) 순서로 천천히 반죽합니다. 폴딩할 때마다 마지막에 반죽을 한 번씩 눌러주는 것은 마른 재료가 머랭에 차지게 섞일 수 있도록 하기 위해서예요.

반죽이 매끄럽고 윤이 나면 폴딩을 멈추고, 주걱으로 반죽을 떠올려보세요. 이때 반죽이 너무 무르지 않고 용암처럼 흘러내리면서 계단무늬가 생겼다가 천천히 합쳐져야 해요. 반죽을 들어 올렸을 때 생기는 선을 확인해보는 방법도 있어요. 반죽이 차곡차곡 겹치며 흘러내려 생긴 선은 30초 안에 사라져야 해요. 바로 그때가 반죽을 짜낼 때예요. 폴딩을 너무 많이 하면 반죽이 너무 물러지고 짜내기가 매우 어려워집니다.

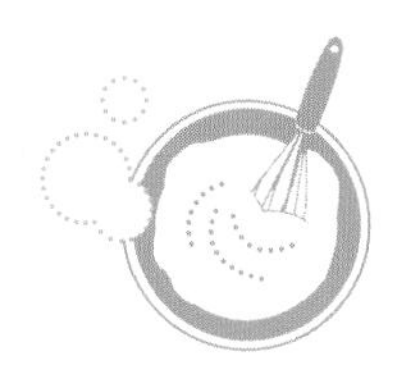

건조하기

오븐용 트레이 바닥을 손으로 톡톡 두드리면 마카롱이 살짝 평평해져요. 그대로 30분간 상온에 둡니다. 시간이 되면 마카롱을 부드럽게 만져보세요. 이때 손끝에 반죽이 묻어나지 않고 표면에 '껍질' 같은 게 생겨야 해요. 손끝에 들러붙으면 좀 더 기다리면서 10분 간격으로 확인하세요. 습도에 따라 기다리는 시간이 달라질 수 있어요.

굽기

오븐을 150°C로 예열하되, 위, 아래가 분리되어 예열이 가능한 오븐은 위에서부터 예열하면 좋아요. 오븐이 준비되면 마카롱을 오븐 아래층에 넣어요. 피에가 생기는지 확인해가며 6분간 굽습니다. 그리고 오븐을 살짝 열었다가 재빨리 닫아 습도를 빼줍니다. 가열 세팅을 오븐 바닥만으로 바꾸고 타이머를 또다시 6분에 맞추고 온도는 160°C로 올리세요. 이렇게 하면 마카롱이 잘 구워지고, 피에도 더 많이 살아나요.

식히기

마카롱을 완전히 식히고 나서 트레이에서 뗍니다. 물을 묻힌 작업대에 트레이를 올리면 마카롱을 더 빨리 식힐 수 있지만, 그 상태로 너무 오래 두면 코크가 눅눅해질 수 있으니 주의하세요.

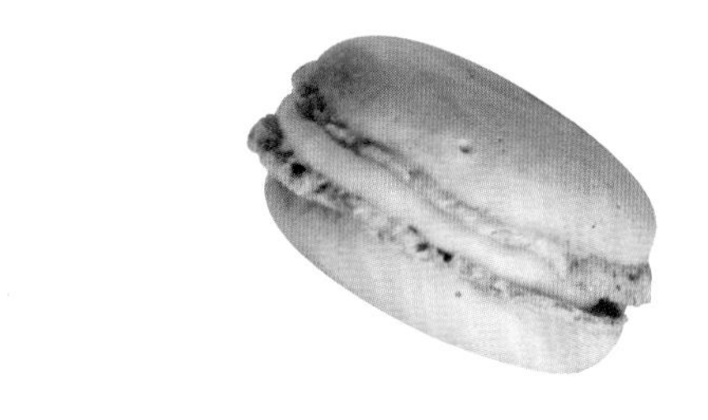

• 기본 마카롱 코크 굽기 •

4cm 마카롱 12개(코크 24개) – 건조 시간 30분, 굽는 시간 12~15분

코크

• 달걀흰자 1개(40g) • 설탕 30g • 아몬드 가루 30g • 슈거파우더 50g
• 식용색소 가루 1/2티스푼(마른 재료에 넣을 것) 또는 젤/페이스트 식용색소 1/4티스푼(머랭에 넣을 것)

1 짤주머니 안에 깍지를 넣고, 깍지 끝의 짤주머니를 살짝 비틀어 고정시켜준다.

2 초보자의 경우 짤주머니를 빈 통에 넣고 입구를 고정하면 내용물을 더 쉽게 담을 수 있다.

3 아몬드 가루와 슈거파우더, 식용색소 가루를 골고루 섞는다(가루 류는 3번 정도 체쳐준다). 다 섞이면 그릇에 옮겨 담아 따로 둔다.

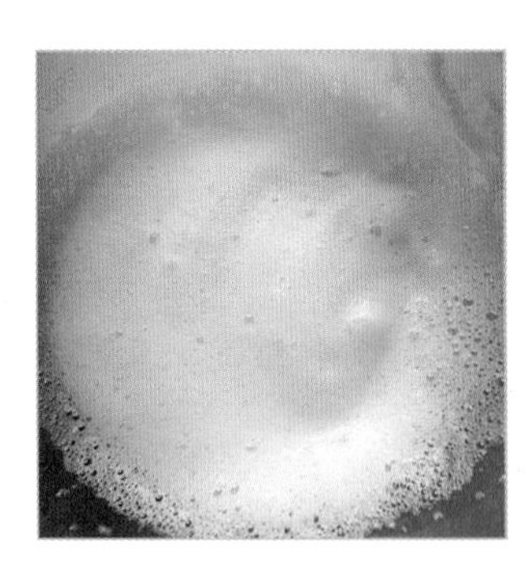

4 달걀흰자에 거품이 올라올 때까지 휘핑한다. 준비한 설탕의 반을 천천히 섞은 후 머랭에 부드러운 뿔이 올라올 때까지 휘핑한다.

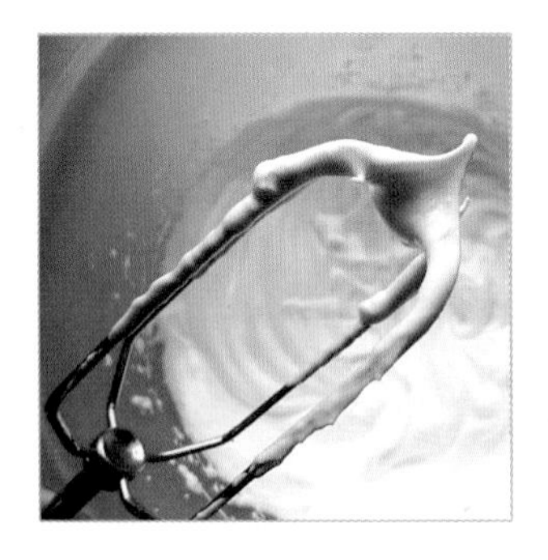

5 설탕을 마저 넣은 후 단단한 뿔이 올라올 때까지 휘핑한다. 새의 부리처럼 뾰족한 뿔이 올라와야 한다.

6 단단하게 만든 머랭은 매끈하고 윤기가 흘러야 한다.

7 마른 재료를 넣고 부드럽게 폴딩한다. '들어 올렸다가 뒤집어 덮은 뒤 눌러주는' 폴딩 동작을 50~60번 반복한다.

8 반죽을 떠올렸을 때 용암처럼 흘러내리면서 계단 무늬가 생겼다가 천천히 합쳐져야 한다.

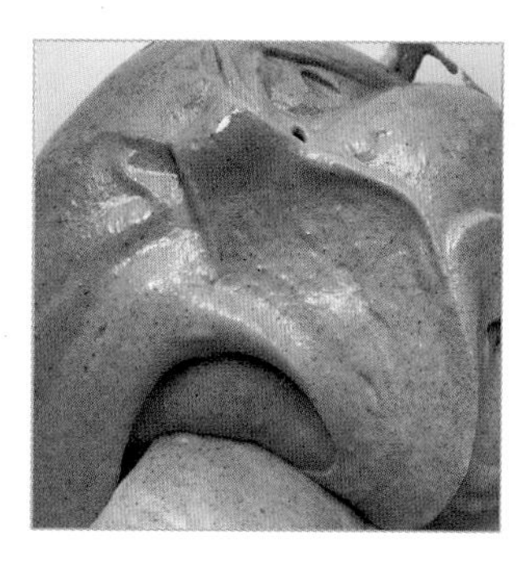

9 매끄럽고 윤기가 흐르는 반죽. 들어 올려서 생기는 선은 30초 안에 사라져야 한다.

10 깍지 낀 짤주머니에 반죽을 담고 천천히 짜면서 깍지 쪽에 반죽을 모은다. 짤주머니 윗부분을 비틀어 잡고 유산지를 깐 오븐용 트레이에 반죽을 짠다.

11 부드럽게 짜다가 힘을 빼고 빠르게 돌려 끊는다. 반죽을 다 짜면 트레이 바닥을 톡톡 두드려 마카롱에 남아 있을지 모르는 기포를 빼준다.

12 짜낸 마카롱 코크를 30분간 굳힌다. 오븐을 150°C로 예열한다. 마카롱을 오븐에 넣고 12~15분간 굽는다. 트레이에서 코크를 떼기 전에 충분히 식힌다.

• 마블 마카롱 코크 굽기 •

4cm 마카롱 24개(코크 48개) – 건조 시간 30분, 굽는 시간 12~15분

코크

- 달걀흰자 2개(실온에 둘 것) • 설탕 60g • 아몬드 가루 60g • 슈거파우더 100g
- 식용색소 가루 적색 1/2티스푼 • 식용색소 가루 황색 1/2티스푼 • 식용색소 가루 청색 1/2티스푼

도구

- 유산지를 깐 베이킹 트레이 • 8번 깍지를 낀 큰 짤주머니 • 큰 볼 1개와 중간 크기 볼 2개 • 알뜰주걱 3개
- 작은 비닐백 3개는 아랫부분을 옆으로 접어 올려 원뿔꼴로 고정시켜 짤주머니를 만든다.

조리법

1 푸드프로세서에 아몬드 가루와 슈거파우더를 넣고 골고루 섞은 뒤 체쳐 한쪽에 둔다.

2 볼에 달걀흰자를 담고 핸드 믹서로 거품을 친다. 느리게 시작했다가 점점 최고속도까지 올린다.

3 준비한 설탕을 반만 넣고 2분간 최고속도로 거품을 친 후 설탕을 마저 넣고 단단한 뿔이 올라올 때까지 머랭을 만든다.

4 머랭에 마른 재료(아몬드 가루+슈거파우더)를 넣는다. 마블 마카롱은 반죽을 3등분해야 하니 너무 골고루 섞지 않는다.

5 반죽을 3등분하여 각각 다른 볼에 담는다.

6 반죽 하나에 황색 식용색소 가루를 넣고 반죽이 매끄럽고 윤기가 날 때까지 폴딩한다. 나머지 반죽에도 각각 적색 색소와 청색 식용색소 가루를 넣고 똑같이 폴딩한다.

7 3가지 색깔 반죽을 각각 다른 비닐백에 넣는다. 비닐백 꼭지를 잘라 내 깍지 낀 큰 짤주머니에 함께 담는다.

8 유산지를 깐 오븐용 트레이에 반죽을 짜고 30분간 굳힌다.

9 위에서 나오는 열만 이용하여 오븐을 150°C로 예열한다. 마카롱을 오븐 맨 아래 선반에 넣고 12분간 굽는다. 코크를 살짝 만졌을 때 피에 위에서 미끄러지지 않으면 완성된 것이다. 마카롱을 꺼내 트레이에서 식힌 후 떼어낸다.

단단한 뿔이 올라오는 머랭이 완성되면 마른 재료를 넣고 폴딩한다.

반죽을 3등분해야 하니 완전히 폴딩하지 말고 가볍게 섞는다.

반죽을 3등분한 뒤 준비해둔 볼에 따로 담는다.

각 반죽에 식용색소를 넣고 폴딩한 뒤 준비해둔 비닐백에 따로 담는다. 비닐백의 꼭지를 자른다. 비닐백 3개를 깍지 낀 큰 짤주머니에 조심스럽게 담는다.

비닐백 3개에 들어 있는 반죽의 양이 거의 같아야 짤주머니를 짤 때 3가지 색상이 균일하게 나온다.

오븐을 150°C로 예열한다. 마카롱을 오븐에 넣고 12분간 굽는다. 트레이에서 코크를 떼기 전에 충분히 식힌다.

처음으로 맛본 초콜릿 마카롱
바삭한 코크와 맛있는 필링이 혀끝에 녹아드는
파리에서 온 고전적인 초콜릿 마카롱들

PART ONE

Classic

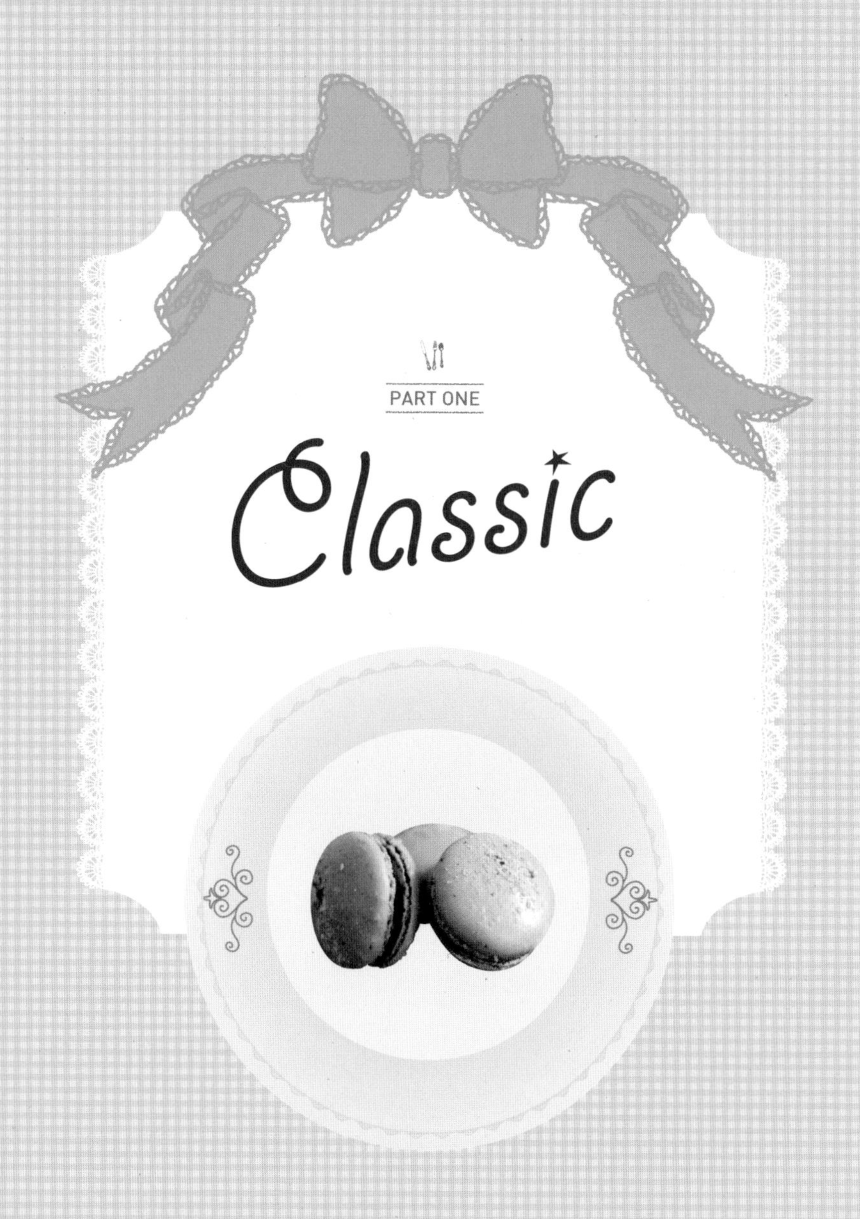

• 쇼콜라 : 다크초콜릿 •

4cm 마카롱 12개(코크 24개) – 건조 시간 30분, 굽는 시간 12~15분, 필링 준비하는 시간 45분

코크

- 달걀흰자 1개(40g) • 설탕 30g
- 아몬드 가루 30g • 슈거파우더 50g • 설탕을 넣지 않은 코코아 가루 1/2티스푼

필링

- 잘게 부순 다크초콜릿 50g • 생크림 50g

조리법

코크

1 20~21쪽 '기본 마카롱 코크 굽기'를 참고한다.
2 짜낸 코크에 코코아 가루를 약간 뿌린다.
3 150°C에서 12분간 굽는다. 트레이에서 코크를 떼기 전에 충분히 식힌다.

필링

1 냄비에 크림을 담고 중불에서 데운다. 크림이 끓기 시작하면 불을 끈다.
2 내열그릇에 초콜릿을 담고 중탕해서 녹인다. 초콜릿이 녹으면 그릇을 건져낸다. 수증기에 손을 델 수 있으니 오븐장갑을 끼도록 한다.
3 초콜릿에 크림을 3번 나눠 넣으며 거품기로 젓는다. 가나슈는 매끄럽고 윤기가 흘러야 한다.
4 초콜릿 가나슈를 작은 그릇에 옮겨 담는다. 가나슈에 랩을 밀착시켜 덮고 가나슈가 살짝 굳을 때까지 1~2시간 동안 냉장 보관한다.
5 짤주머니에 넣고 짠다. 마카롱은 밀폐 용기에 넣어 냉장 보관한다.

• 쇼콜라오래 : 밀크초콜릿 •

4cm 마카롱 12개(코크 24개) – 건조 시간 30분, 굽는 시간 12~15분, 필링 준비하는 시간 45분

코크

- 달걀흰자 1개(40g) • 설탕 30g • 아몬드 가루 30g • 슈거파우더 50g
- 설탕을 넣지 않은 코코아 가루 1/2티스푼 • 식용색소 가루 백색

필링

- 잘게 부순 밀크초콜릿 50g • 생크림 40g

조리법

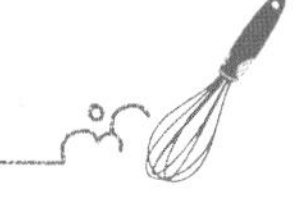

코크

1 20~21쪽 '기본 마카롱 코크 굽기'를 참고한다.
2 150°C에서 12분간 굽는다. 트레이에서 코크를 떼기 전에 충분히 식힌다.
3 코크가 식으면 작은 요리용 붓에 식용색소 가루 백색을 살짝 묻혀 코크에 칠한다.

필링

1 냄비에 생크림을 담고 중불에서 데운다. 크림이 끓기 시작하면 불을 끈다.
2 내열그릇에 초콜릿을 담고 중탕해서 녹인다.
3 초콜릿에 크림을 3번 나눠 넣으며 거품기로 젓는다. 가나슈는 매끄럽고 윤기가 흘러야 한다.
4 초콜릿 가나슈를 작은 그릇에 옮겨 담는다. 가나슈에 랩을 밀착시켜 덮고 가나슈가 살짝 굳을 때까지 1~2시간 동안 냉장 보관한다.
5 짤주머니에 넣고 짠다. 마카롱은 밀폐 용기에 넣어 냉장 보관한다.

• 쇼콜라블랑 : 화이트초콜릿 •

4cm 마카롱 12개(코크 24개) – 건조 시간 30분, 굽는 시간 12~15분, 필링 준비하는 시간 45분

코크

- 달걀흰자 1개(40g) • 설탕 30g
- 아몬드 가루 30g • 슈거파우더 50g • 식용색소 가루 은색

필링

- 잘게 부순 화이트초콜릿 50g • 생크림 20g

조리법

코크

1 20~21쪽 '기본 마카롱 코크 굽기'를 참고한다.
2 150°C에서 12분간 굽는다. 트레이에서 코크를 떼기 전에 충분히 식힌다.
3 코크가 다 식으면 물기 있는 작은 붓에 식용색소 가루 은색을 묻혀 코크에 칠한다.

필링

1 냄비에 크림을 담고 중불에서 데운다. 크림이 끓기 시작하면 불을 끈다.
2 내열그릇에 초콜릿을 담고 중탕해서 녹인다.
3 초콜릿에 크림을 3번 나눠 넣으며 거품기로 젓는다. 가나슈는 매끄럽고 윤기가 흘러야 한다.
4 초콜릿 가나슈를 작은 그릇에 옮겨 담는다. 가나슈에 랩을 밀착시켜 덮고 가나슈가 살짝 굳을 때까지 1시간 동안 냉장 보관한다.
5 짤주머니에 넣고 짠다. 마카롱은 밀폐 용기에 넣어 냉장 보관한다.

• 피스타쉬 : 피스타치오와 화이트초콜릿 •

4cm 마카롱 12개(코크 24개) – 건조 시간 30분, 굽는 시간 12~15분, 필링 준비하는 시간 45분

코크

• 달걀흰자 1개(40g) • 설탕 30g
• 아몬드 가루 30g • 슈거파우더 50g • 식용색소 가루 녹색 1/2티스푼

필링

• 잘게 부순 화이트초콜릿 40g • 생크림 50g • 피스타치오 10g

조리법

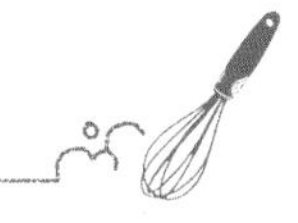

코크

1 20~21쪽 '기본 마카롱 코크 굽기'를 참고한다.
2 150°C에서 12분간 굽는다. 트레이에서 코크를 떼기 전에 충분히 식힌다.

필링

1 냄비에 크림을 담고 중불에서 데운다. 크림이 끓기 시작하면 불을 끈다.
2 내열그릇에 초콜릿을 담고 중탕해서 녹인다.
3 초콜릿에 크림을 3번 나눠 넣으며 거품기로 젓는다. 가나슈는 매끄럽고 윤기가 흘러야 한다.
4 푸드프로세서에 피스타치오를 넣고 곱게 간다. 피스타치오 가루를 가나슈에 넣고 잘 섞는다.
5 가나슈를 작은 그릇에 옮겨 담는다. 가나슈에 랩을 밀착시켜 덮고 하루 동안 냉장 보관한다.
6 하루가 지나면 뾰족하고 단단한 뿔이 올라올 때까지 가나슈를 젓는다.
7 짤주머니에 넣고 짠다. 마카롱은 밀폐 용기에 넣어 냉장 보관한다.

CAFE

• 모카 : 커피와 다크초콜릿 •

4cm 마카롱 12개(코크 24개) – 건조 시간 30분, 굽는 시간 12~15분, 필링 준비하는 시간 45분

코크

• 달걀흰자 1개(40g) • 설탕 30g
• 아몬드 가루 30g • 슈거파우더 50g • 설탕을 넣지 않은 코코아 가루 1/2티스푼 • 인스턴트커피 가루(데코용 소량)

필링

• 인스턴트커피 1티스푼 • 잘게 부순 다크초콜릿 50g • 생크림 50g

조리법

코크

1 20~21쪽 '기본 마카롱 코크 굽기'를 참고한다.
2 코크를 짜고 그 위에 인스턴트커피 가루를 약간 뿌린다.
3 150°C에서 12분간 굽는다. 트레이에서 코크를 떼기 전에 충분히 식힌다.

필링

1 작은 냄비에 크림과 인스턴트커피를 넣고 끓을 때 불을 끈다.
2 내열그릇에 초콜릿을 담고 중탕해서 녹인다.
3 커피크림을 녹인 다크초콜릿에 3번에 걸쳐 나눠 넣으며 잘 젓는다.
4 매끄럽고 윤이 나는 점성이 생길 때까지 휘저으며 잘 섞는다.
5 초콜릿 가나슈를 실온에 식히고 1~2시간 동안 냉장고에 넣어 살짝 굳혔다가 코크에 짠다.

• 카페 : 커피 버터크림 •

4cm 마카롱 12개(코크 24개) – 건조 시간 30분, 굽는 시간 12~15분, 필링 준비하는 시간 45분

코크

- 달걀흰자 1개(40g) • 설탕 30g • 아몬드 가루 30g • 슈거파우더 50g
- 설탕을 넣지 않은 코코아 가루 1/2티스푼 • 인스턴트커피 1/4티스푼 • 물 2~3방울

필링

- 슈거파우더 30g • 물 10g • 달걀노른자 1개 • 버터 40g (실온 보관, 깍둑썰기) • 커피추출물 1티스푼

조리법

코크

1. 20~21쪽 '기본 마카롱 코크 굽기'를 참고한다.
2. 150°C에서 12분간 굽는다. 트레이에서 코크를 떼기 전에 충분히 식힌다.
3. 인스턴트커피에 물을 2~3방울 섞고 붓으로 찍어 코크에 칠한다.

필링

1. 냄비에 물과 슈거파우더를 넣고 끓이며 시럽을 만든다. 냄비에는 당과용 온도계를 담가둔다.
2. 믹싱 볼에 달걀노른자를 담는다. 시럽 온도가 114°C가 되면 핸드 믹서로 노른자를 푼다.
3. 시럽 온도가 118°C가 되면 노른자를 풀던 속도를 줄이고 시럽을 천천히 끼얹는다.
4. 반죽이 식을 때까지 5분 정도 더 휘젓는다.
5. 버터를 한 번에 1조각씩 넣고 매끄러운 점성이 생길 때까지 계속 휘핑한다.
6. 마지막으로 커피추출물을 넣고 잘 섞는다.
7. 버터크림이 너무 부드러워지면 잠시 냉장고에 넣어 살짝 굳혔다가 코크에 짠다.

Classic

• 바니유 : 바닐라와 화이트초콜릿 •

4cm 마카롱 12개(코크 24개) – 건조 시간 30분, 굽는 시간 12~15분, 필링 준비하는 시간 45분

코크

• 달걀흰자 1개(40g) • 설탕 30g • 아몬드 가루 30g • 슈거파우더 50g

필링

• 바닐라빈 1개 • 잘게 부순 화이트초콜릿 50g • 생크림 20g
• 바닐라추출물 1/2티스푼

조리법

코크

1 20~21쪽 '기본 마카롱 코크 굽기'를 참고한다.
2 150°C에서 12분간 굽는다. 트레이에서 코크를 떼기 전에 충분히 식힌다.

필링

1 작은 냄비에 크림과 바닐라빈을 갈라 긁어낸 씨와 껍질을 넣고 데우다가 끓어오르기 전에 불을 끈다.
2 크림이 충분히 데워지면 바닐라빈 껍질을 건져 버리고 화이트초콜릿에 부어 매끄러운 점성이 생길 때까지 섞는다.
3 이어 바닐라추출물을 넣고 잘 섞는다.
4 작은 그릇에 옮겨 담은 후, 랩을 밀착시켜 덮고 살짝 굳을 때까지 1~2시간 동안 냉장 보관한다.
5 짤주머니에 넣고 짠다. 마카롱은 밀폐 용기에 넣어 냉장 보관한다.

• 쇼코누아제트 : 헤이즐넛과 다크초콜릿 •

4cm 마카롱 12개(코크 24개) – 건조 시간 30분, 굽는 시간 12~15분, 필링 준비하는 시간 45분

코크

- 달걀흰자 1개(40g) • 설탕 30g
- 아몬드 가루 30g • 슈거파우더 50g • 설탕을 넣지 않은 코코아 가루 1/2티스푼 • 헤이즐넛 가루

필링

- 헤이즐넛 가루 10g • 잘게 부순 다크초콜릿 40g • 생크림 50g

조리법

코크

1 20~21쪽 '기본 마카롱 코크 굽기'를 참고한다.
2 코크를 짜고 그 위에 헤이즐넛 가루를 약간 뿌린다.
3 150°C에서 12분간 굽는다. 트레이에서 코크를 떼기 전에 충분히 식힌다.

필링

1 헤이즐넛 가루를 헤이즐넛 향이 올라올 때까지 불에 굽는다.
2 작은 냄비에 크림을 넣고 끓인다.
3 크림이 끓으면 불을 끄고 다크초콜릿에 끼얹는다.
4 구운 헤이즐넛 가루를 넣고 가나슈가 매끄럽고 윤이 날 때까지 휘저으며 섞는다.
5 랩을 밀착시켜 덮고 냉장고에 넣어 살짝 굳혔다가 코크에 짠다.

상큼한 레몬, 딸기, 오렌지, 사과캐러멜, 석류, 망고 등
신선하고 다양한 과일로 만든
달콤하고 사랑스러운 마카롱들

PART TWO

Fruits

• 아그룀 : 레몬, 라임, 오렌지와 화이트초콜릿 •

4cm 마카롱 24개(코크 48개) – 건조 시간 30분, 굽는 시간 12~15분, 필링 준비하는 시간 45분

코크

- 달걀흰자 2개(80g) • 설탕 60g • 아몬드 가루 60g • 슈거파우더 100g
- 식용색소 가루 황색 1/2티스푼 • 식용색소 가루 주황색 1/2티스푼 • 식용색소 가루 녹색 1/2티스푼

필링

- 레몬 1개, 라임 1개, 유기농 오렌지 1개의 제스트 • 잘게 부순 화이트초콜릿 100g
- 생크림 15g • 레몬주스 10g • 라임주스 10g • 오렌지주스 10g

조리법

코크

1 22~23쪽 '마블 마카롱 코크 굽기'를 참고한다.
2 150°C에서 12분간 굽는다. 트레이에서 코크를 떼기 전에 충분히 식힌다.

필링

1 과일을 씻고 물기를 완전히 제거한다.
2 레몬과 라임, 오렌지의 제스트를 준비한다.
3 초콜릿을 내열그릇에 담아 중탕해서 녹인다.
4 냄비에 크림을 담고 중불에 데운다.
5 초콜릿에 크림을 3번에 걸쳐 나눠 넣으며 거품기로 젓는다. 여기에 레몬주스와 라임주스, 오렌지주스, 제스트를 넣는다.
6 가나슈를 작은 그릇에 옮겨 담고 실온에서 식혔다가 1~2시간 동안 냉장 보관한다.

• 뮈르 : 블랙베리젤리 •

4cm 마카롱 12개(코크 24개) – 건조 시간 30분, 굽는 시간 12~15분, 필링 준비하는 시간 30분

코크

• 달걀흰자 1개(40g) • 설탕 30g • 아몬드 가루 30g • 슈거파우더 50g
• 식용색소 가루 청색 1/4티스푼 • 식용색소 가루 메탈릭 라일락색 1/4티스푼(데코용)

필링

• 냉동 또는 신선한 블랙베리 60g • 레몬주스 1/2티스푼 • 옥수수 녹말 1/4티스푼 • 설탕 20g • 한천 가루 1/4티스푼

조리법

코크

1 20~21쪽 '기본 마카롱 코크 굽기'를 참고한다.
2 코크를 짜고 그 위에 식용색소 가루 메탈릭 라일락색을 체로 쳐 뿌린다.
3 150°C에서 12분간 굽는다. 트레이에서 코크를 떼기 전에 충분히 식힌다.

필링

1 블랙베리와 레몬주스, 설탕, 옥수수 녹말을 블렌더에 넣고 간다.
2 반죽을 체로 걸러 불순물을 제거한다.
3 냄비에 반죽과 한천 가루를 담고 중불에 끓인다. 계속 저어주다가 반죽이 끓어오르면 타이머를 2분에 맞추고 계속 저어주며 끓인다.
4 시간이 되면 불을 끄고 바로 작은 그릇에 담는다.
5 필링을 실온에 식혔다가 1시간 동안 냉장 보관한다.
6 코크에 짠다. 이 마카롱은 완성하고 24시간 후에 먹는 것이 가장 맛있다.

• 미르티유 : 블루베리와 화이트초콜릿 •

4cm 마카롱 12개(코크 24개) – 건조 시간 30분, 굽는 시간 12~15분, 필링 준비하는 시간 30분

코크

• 달걀흰자 1개(40g) • 설탕 30g
• 아몬드 가루 30g • 슈거파우더 50g • 식용색소 가루 보라색 1/2티스푼

필링

• 생크림 25g • 잘게 부순 화이트초콜릿 50g • 블루베리 37g

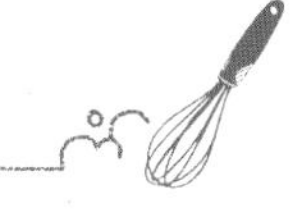

조리법

코크

1 단단한 뿔이 올라오도록 머랭을 친 후 마른 재료를 넣고 가볍게 폴딩한 후 1테이블스푼만 작은 그릇에 따로 담는다.
2 본래의 반죽에 식용색소 가루 보라색을 넣고 반죽이 용암처럼 될 때까지 폴딩한다.
3 보라색 반죽을 짤주머니에 넣고 유산지에 짠다.
4 젓가락이나 이쑤시개로 흰 반죽을 찍어 보라색 반죽을 짜낸 코크에 방울방울 떨어뜨린다.
5 소용돌이 모양을 만들고 싶다면 보라색 코크에 떨어뜨린 흰 방울에 젓가락을 살짝 밀어 넣었다가 바깥쪽으로 돌려 뺀다.
6 이때 보라색과 흰색이 물결처럼 움직이면서 천천히 이어져야 한다.
7 장식한 코크를 20~21쪽대로 오븐에 굽는다.

필링

1 크림을 약한 불에 끓인다.
2 크림이 끓어오르면 불을 끄고 화이트초콜릿에 부어 초콜릿이 완전히 녹고 매끄러워질 때까지 잘 섞는다.
3 가나슈를 실온에 식혔다가 1~2시간 동안 냉장 보관한다.
4 코크에 짜고 블루베리 2~3개를 얹은 뒤 다른 코크로 덮는다.

• 프라이머리 : 삼색 베리와 화이트초콜릿 •

4cm 마카롱 24개(코크 48개) – 건조 시간 30분, 굽는 시간 12~15분, 필링 준비하는 시간 30분

코크

• 달걀흰자 2개(80g) • 설탕 60g • 아몬드 가루 60g • 슈거파우더 100g
• 식용색소 가루 적색 1/2티스푼 • 식용색소 가루 황색 1/2티스푼 • 식용색소 가루 청색 1/2티스푼

필링

• 잘게 부순 화이트초콜릿 60g • 레몬주스 1티스푼 • 냉동 또는 신선한 베리믹스 70g (냉동제품 사용 시 실온에서 해동)

조리법

코크

1 22~23쪽 '마블 마카롱 코크 굽기'를 참고한다.
2 150°C에서 12분간 굽는다. 트레이에서 코크를 떼기 전에 충분히 식힌다.

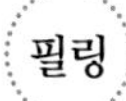

필링

1 베리믹스와 레몬주스를 푸드프로세서에 넣고 간다. 과육을 체로 걸러 씨앗을 제거한 깔끔한 주스를 작은 냄비에 담아 따로 둔다.
2 화이트초콜릿을 내열그릇에 담고 중탕해서 녹인다.
3 초콜릿이 녹을 때까지 젓다가 불을 끈다.
4 베리믹스를 간 주스를 중불에 저어주면서 살짝 데운다.
5 주스가 충분히 데워지면 화이트초콜릿에 붓고 잘 저으며 섞는다.
6 가나슈를 실온에 식혔다가 살짝 굳을 때까지 1~2시간 동안 냉장 보관한다.

• 베르가모트 : 베르가모트와 화이트초콜릿 •

4cm 마카롱 12개(코크 24개) – 건조 시간 30분, 굽는 시간 12~15분, 필링 준비하는 시간 45분

코크

- 달걀흰자 1개(40g) • 설탕 30g
- 아몬드 가루 30g • 슈거파우더 50g • 식용색소 가루 황색 1/4티스푼

필링

- 잘게 부순 화이트초콜릿 50g • 생크림 10g
- 베르가모트주스 10g • 베르가모트 1개의 제스트

조리법

코크

1. 20~21쪽 '기본 마카롱 코크 굽기'를 참고한다.
2. 150°C에서 12분간 굽는다. 트레이에서 코크를 떼기 전에 충분히 식힌다.

필링

1. 과일을 잘 씻고 물기를 완전히 제거한다.
2. 제스트를 갈아 따로 둔다.
3. 초콜릿을 내열그릇에 담아 중탕해서 녹인다.
4. 냄비에 크림을 담고 중불에 끓인다.
5. 데운 크림을 3번에 걸쳐 초콜릿에 나누어 넣고 거품기로 계속 젓는다. 여기에 베르가모트 주스와 제스트를 섞는다.
6. 가나슈를 작은 그릇에 옮겨 담고 식혔다가 1~2시간 동안 냉장 보관한다.

• 프레즈 : 딸기와 화이트초콜릿 •

4cm 마카롱 12개(코크 24개) – 건조 시간 30분, 굽는 시간 12~15분, 필링 준비하는 시간 45분

코크

- 달걀흰자 1개(40g) • 설탕 30g • 아몬드 가루 30g • 슈거파우더 50g
- 식용색소 가루 적색 1/2티스푼 혹은 식용색소 가루 메탈릭 적색 중 선택

필링

- 씻어서 으깬 딸기 1~2개(10g) • 신선한 딸기 1개(깍둑썰기)
- 잘게 부순 화이트초콜릿 50g • 생크림 20g

조리법

코크

1 20~21쪽 '기본 마카롱 코크 굽기'를 참고한다.

2 150°C에서 12분간 굽는다. 트레이에서 코크를 떼기 전에 충분히 식힌다.

필링

1 딸기를 씻어 물기를 완전히 제거한다. 거품기로 으깨 퓨레 10g을 만든다.

2 냄비에 딸기퓨레와 크림을 담고 중불에 데운다.

3 초콜릿을 내열그릇에 담고 중탕해서 녹인다.

4 딸기크림이 데워지면 초콜릿에 붓고 잘 섞는다.

5 작게 깍둑썰기를 한 딸기를 넣고 저은 뒤 작은 그릇에 옮겨 담는다. 2시간 동안 냉장고에서 식힌다.

6 일반적인 가나슈보다 물기가 많으므로 마카롱을 먹기 2~3시간 전에 짜서 코크가 수분을 흡수하는 것을 막는다.

• 오랑쥬상권 : 블러드오렌지와 화이트초콜릿 •

4cm 마카롱 12개(코크 24개) – 건조 시간 30분, 굽는 시간 12~15분, 필링 준비하는 시간 45분

코크

• 달걀흰자 1개(40g) • 설탕 30g
• 아몬드 가루 30g • 슈거파우더 50g • 식용색소 가루 적색 1/2티스푼

필링

• 잘게 부순 화이트초콜릿 50g • 생크림 10g
• 블러드오렌지주스 10g • 블러드오렌지 1개의 제스트

조리법

코크

1 20~21쪽 '기본 마카롱 코크 굽기'를 참고한다.
2 150°C에서 12분간 굽는다. 트레이에서 코크를 떼기 전에 충분히 식힌다.

필링

1 과일을 씻고 물기를 완전히 제거한다.
2 제스트를 갈아 따로 둔다.
3 초콜릿을 내열그릇에 담아 중탕해서 녹인다.
4 크림을 계속 저으면서 중불에서 데우다가 끓어오르면 불을 끈다.
5 데운 크림을 3번에 걸쳐 초콜릿에 넣고 거품기로 젓는다. 여기에 블러드오렌지주스와 제스트를 넣는다.
6 작은 그릇에 옮겨 담고 1~2시간 동안 냉장고에서 식힌다.

• 망그 : 망고크림 •

4cm 마카롱 12개(코크 24개) – 건조 시간 30분, 굽는 시간 12~15분, 필링 준비하는 시간 45분

코크

- 달걀흰자 1개(40g) • 설탕 30g • 아몬드 가루 30g • 슈거파우더 50g
- 식용색소 가루 황색 1/4티스푼 • 식용색소 가루 주황색 1/4티스푼 • 식용색소 가루 녹색 1/4티스푼

필링

- 으깨서 간 망고 100g • 젤라틴 1장 • 설탕 150g • 달걀 1개 • 옥수수 녹말 5g • 버터 70g (실온 보관, 깍둑썰기)

조리법

1 22~23쪽 '마블 마카롱 코크 굽기'를 참고한다.
2 150°C에서 12분간 굽는다. 트레이에서 코크를 떼기 전에 충분히 식힌다.

1 망고껍질을 벗겨 다지고 블렌더에 넣고 갈아 망고퓨레를 만든다.
2 찬물에 젤라틴을 불린다.
3 냄비에 설탕과 옥수수 녹말, 달걀을 담는다. 반죽이 걸쭉해질 때까지 거품기로 저으면서 약한 불에 익힌다. 계속 저어줘야 반죽이 타지 않는다. 반죽에 망고퓨레를 넣는다.
4 반죽이 끓어오르면 물기를 짜낸 젤라틴을 넣는다. 젤라틴이 반죽에 완전히 녹아들 때까지 잘 섞는다.
5 반죽을 믹싱 볼에 옮겨 담고 버터를 넣은 뒤 매끄럽고 크리미한 점성이 생길 때까지 섞는다.
6 코크가 크림의 수분을 흡수할 수 있으므로 만든 날 저녁이나 다음 날 먹는 것이 가장 좋다.

• 타르트 오 폼므 : 사과캐러멜과 감초 •

4cm 마카롱 12개(코크 24개) – 건조 시간 30분, 굽는 시간 12~15분, 필링 준비하는 시간 45분

코크

• 달걀흰자 1개(40g) • 설탕 30g
• 아몬드 가루 30g • 슈거파우더 50g • 설탕을 넣지 않은 코코아 가루 1/2티스푼

필링

• 사과 50g (깍둑썰기) • 감초 분말 1/2티스푼 • 설탕 20g • 버터 10g

조리법

코크

1 20~21쪽 '기본 마카롱 코크 굽기'를 참고한다.
2 150°C에서 12분간 굽는다. 트레이에서 코크를 떼기 전에 충분히 식힌다.

필링

1 코팅 처리된 냄비에 버터와 설탕, 사과를 넣는다. 설탕이 녹을 때까지 익히고 사과를 졸여 사과캐러멜을 만든다.
2 감초 분말을 넣고 잘 섞는다.
3 수분이 대부분 증발하면 불을 끈다.
4 사과캐러멜이 식으면 작은 티스푼으로 떠 코크에 올린다.

• 타르트 오 시트롱 : 레몬크림과 머랭 •

4cm 마카롱 12개(코크 24개) – 건조 시간 30분, 굽는 시간 12~15분, 필링 준비하는 시간 45분

코크

- 달걀흰자 1개(40g) • 설탕 30g
- 아몬드 가루 30g • 슈거파우더 50g • 설탕을 넣지 않은 코코아 가루 1/2티스푼

필링

- 레몬 1개의 제스트 • 레몬주스 10g • 설탕 65g • 달걀 1개 • 버터 145g
- 달걀흰자 반 개(20g) • 설탕 20g

조리법

코크

1 20~21쪽 '기본 마카롱 코크 굽기'를 참고한다.
2 150°C에서 12분간 굽는다. 트레이에서 코크를 떼기 전에 충분히 식힌다.

필링

1 중간 크기 믹싱 볼에 달걀과 설탕을 넣고 잘 섞는다.
2 레몬 제스트를 갈아 주스와 함께 냄비에 넣는다. 레몬이 뭉근히 끓어오르면 거품기로 저으면서 달걀 반죽에 따르고 잘 섞는다.
3 반죽을 다시 냄비에 담고 중불에 익힌다. 반죽이 걸쭉해지고 거품이 올라오기 시작할 때까지 계속 저어준다.
4 불을 끄고 버터를 넣고 거품기로 젓는다. 깨끗한 그릇에 옮겨 담고 랩을 밀착시켜 덮은 후 2~3시간 동안 냉장 보관한다.
5 내놓기 전에 단단한 머랭을 만든다. 코크에 레몬 크림을 짜고 그 위에 머랭을 약간 올린다.
6 코크가 크림의 수분을 흡수해서 눅눅해질 수 있으니 만든 날 저녁이나 다음 날 먹는 것이 좋다.

• 사쓰마 : 만다린 귤과 화이트초콜릿 •

4cm 마카롱 24개(코크 48개) – 건조 시간 30분, 굽는 시간 12~15분, 필링 준비하는 시간 30분

코크

• 달걀흰자 2개(80g) • 설탕 60g
• 아몬드 가루 60g • 슈거파우더 100g • 식용색소 가루 주황색 1/2티스푼 • 식용색소 가루 녹색 1/2티스푼

필링

• 잘게 부순 화이트초콜릿 80g • 유기농 만다린주스 30g • 만다린 1개의 제스트 • 생크림 10g

조리법

코크

1 22~23쪽 '마블 마카롱 코크 굽기'를 참고한다.
2 150°C에서 12분간 굽는다. 트레이에서 코크를 떼기 전에 충분히 식힌다.

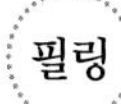

필링

1 작은 냄비에 만다린주스와 제스트를 넣고 데운다.
2 주스가 데워지면 화이트초콜릿에 따르고 잘 저어 섞는다.
3 크림을 데운 후 주스를 섞은 초콜릿에 넣어 매끄러운 점성이 생길 때까지 잘 섞는다.
4 가나슈를 실온에서 식혔다가 1~2시간 동안 냉장 보관한다.
5 가나슈가 살짝 굳으면 코크에 짠다.

• 그레나드 : 석류와 화이트초콜릿 •

4cm 마카롱 12개(코크 24개) – 건조 시간 30분, 굽는 시간 12~15분, 필링 준비하는 시간 45분

코크

- 달걀흰자 1개(40g) • 설탕 30g • 아몬드 가루 25g • 슈거파우더 50g
- 말린 코코넛 플레이크 5g (함께 넣고 갈기) • 식용색소 가루 백색 1/4티스푼 • 금잔화 꽃잎 약간

필링

- 석류 반 개(석류 알만) • 카피르라임주스 10g • 코코넛 플레이크 1테이블스푼
- 잘게 부순 화이트초콜릿 50g • 생크림 25g

조리법

코크

1 20~21쪽 '기본 마카롱 코크 굽기'를 참고한다.
2 코크를 짜고 그 위에 금잔화 꽃잎을 뿌린다.
3 150°C에서 12분간 굽는다. 트레이에서 코크를 떼기 전에 충분히 식힌다.

필링

1 화이트초콜릿을 내열그릇에 담고 중탕해서 녹인다.
2 그동안 다른 냄비에 크림을 데운다. 초콜릿이 녹으면 따뜻한 크림을 넣고 잘 섞는다.
3 카피르라임주스와 코코넛 플레이크를 넣고 가나슈가 매끄러워질 때까지 젓는다.
4 코크에 초콜릿 가나슈를 짜고 그 위에 석류 알 3~4개를 올린다. 그 위에 덮는 코크에 초콜릿을 1방울 떨어뜨려 석류 알과 따로 놀지 않게 한다.
5 코크가 신선한 석류의 수분을 흡수해서 눅눅해질 수 있으므로 만든 날 저녁이나 다음 날 먹는 것이 가장 좋다.

코크

- 달걀흰자 1개(40g) • 설탕 30g
- 아몬드 가루 30g • 슈거파우더 50g • 식용색소 가루 주황색 1/4티스푼

필링

- 오렌지주스 20g • 오렌지 1개의 제스트 • 한천 가루 1/4티스푼
- 생크림 25g • 잘게 부순 밀크초콜릿 50g

• 오랑쥬쇼코 : 오렌지젤리와 밀크초콜릿 •

4cm 마카롱 12개(코크 24개) – 건조 시간 30분, 굽는 시간 12~15분, 필링 준비하는 시간 45분

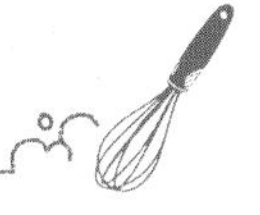

조리법

코크

1 20~21쪽 '기본 마카롱 코크 굽기'를 참고한다.

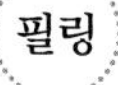

필링

1 오렌지주스와 제스트, 한천 가루를 냄비에 담고 끓인다. 거품이 올라오기 시작하면 1분간 더 끓였다가 납작한 접시에 따라 냉장 보관한다.
2 그동안 크림을 데우고 초콜릿은 내열그릇에 담아 중탕해서 녹인다.
3 크림이 데워지면 초콜릿에 3번에 걸쳐 나눠 담아가며 거품기로 젓는다.
4 가나슈를 식혔다가 랩을 밀착시켜 덮고 살짝 굳을 때까지 냉장 보관한다.
5 만들어놓은 오렌지젤리를 작게 깍둑썰기를 한다.
6 코크에 가나슈를 짜고 가운데에 오렌지젤리를 놓고 다른 코크로 덮는다.

• 시트롱 베르 : 라임과 화이트초콜릿 •

4cm 마카롱 12개(코크 24개) – 건조 시간 30분, 굽는 시간 12~15분, 필링 준비하는 시간 45분

코크

- 달걀흰자 1개(40g) • 설탕 30g
- 아몬드 가루 30g • 슈거파우더 50g • 식용색소 가루 연두색 1/4티스푼 • 식용색소 가루 녹색 1/4티스푼

필링

- 라임주스 10g • 라임 1개의 제스트 • 잘게 부순 화이트초콜릿 50g • 생크림 15g

조리법

코크

1 22~23쪽 '마블 마카롱 코크 굽기'를 참고한다. 반죽을 둘로 나눠 하나에는 연두색 색소를 넣고 다른 그릇에는 녹색 색소를 넣는다.

2 22~23쪽대로 폴딩하고 섞는다. 코크를 짰을 때 마블 효과가 생기도록 짤주머니에 두 반죽을 번갈아 담는다.

3 150°C에서 12분간 굽는다. 트레이에서 코크를 떼기 전에 충분히 식힌다.

필링

1 제스트를 갈고 따로 둔다.

2 초콜릿을 중탕해서 녹인다.

3 냄비에 크림을 담고 중불에 올려 잘 저어주다가 끓기 시작하면 불을 끈다.

4 초콜릿에 따뜻한 크림을 3번에 걸쳐 나눠 넣고 잘 섞는다. 여기에 라임주스와 제스트를 넣고 잘 섞는다.

5 작은 그릇에 옮겨 담고 실온에 식혔다가 1~2시간 동안 냉장 보관한다.

피나콜라다, 클라우드 나인, 레드 핫 보드카 마카롱 등
쫀득하게 씹히더니
어느새 부드럽게 입안에서 녹아내리는 매혹적인 마카롱들

PART THREE

Cocktails

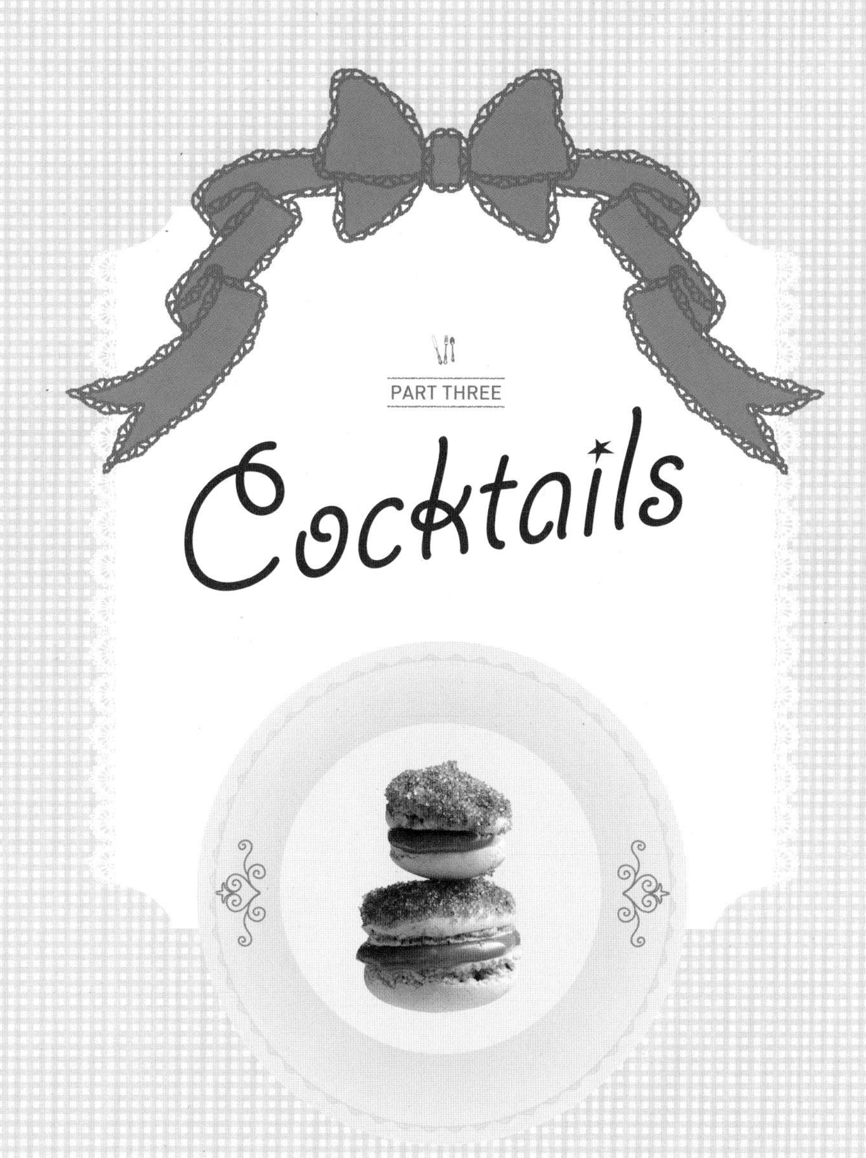

• 피나콜라다 : 럼, 파인애플과 코코넛초콜릿 •

4cm 마카롱 12개(코크 24개) – 건조 시간 30분, 굽는 시간 12~15분, 필링 준비하는 시간 25분

{ 참고 : 이 레시피에는 짤주머니 2개와 3번 깍지, 8번 깍지가 필요 }

코크

- 달걀흰자 1개(40g) • 설탕 30g
- 아몬드 가루 30g • 슈거파우더 50g • 식용색소 가루 황색 1/4티스푼 • 식용색소 가루 녹색 1/4티스푼

필링

- 코코넛밀크 10g • 파인애플주스 15g • 화이트초콜릿 50g • 럼 향 1~2방울

조리법

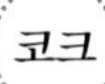

코크

1 아몬드 가루와 슈거파우더를 푸드프로세서에 넣고 간다.

2 20~21쪽 '기본 마카롱 코크 굽기'를 참고한다.

3 마른 재료와 머랭을 가볍게 섞고 2테이블스푼 떠서 따로 담는다. 따로 뗀 반죽에 녹색 색소를 넣고 폴딩한 뒤 3번 깍지를 낀 짤주머니에 담는다.

4 본래의 반죽에 황색 색소를 넣고 폴딩한 뒤 8번 깍지를 낀 짤주머니에 담는다. 황색 반죽으로 코크를 짜고 중앙에 녹색 반죽을 조금 짜넣는다.

5 150°C에서 12분간 굽는다. 트레이에서 코크를 떼기 전에 충분히 식힌다.

필링

1 화이트초콜릿을 잘게 다져 따로 둔다.

2 작은 냄비에 코코넛밀크와 파인애플주스를 넣고 중불에 데운다.

3 다 데워지면 불을 끄고 화이트초콜릿에 끼얹고 잘 섞는다.

4 럼 향을 넣고 잘 섞는다.

5 실온에 식혔다가 가나슈가 살짝 굳을 때까지 1~2시간 동안 냉장 보관한다.

코크

• 달걀흰자 1개(40g) • 설탕 30g • 아몬드 가루 30g • 슈거파우더 50g • 액상 식용색소 보라색 • 그래뉴당(과립당) 15g

필링

짭짤한 버터캐러멜 • 생크림 50g • 설탕 60g • 가염버터 10g (실온 보관, 깍둑썰기)

베일리스 버터크림 • 버터 35g • 베일리스 아이리시크림Bailey's Irish Cream 10g

• 클라우드 나인 : 베일리스 버터크림과 솔티드 버터캐러멜 •

4cm 마카롱 12개(코크 24개) – 건조 시간 30분, 굽는 시간 12~15분, 필링 준비하는 시간 45분

조리법

코크

1 그래뉴당에 식용색소 가루를 넣어 색깔 설탕을 만든다.
2 20~21쪽 '기본 마카롱 코크 굽기'를 참고한다.
3 코크를 짜고 그 위에 색깔 설탕을 뿌린다.
4 150°C에서 12분간 굽는다. 트레이에서 코크를 떼기 전에 충분히 식힌다.

필링

짭짤한 버터캐러멜

1 깨끗한 냄비에 설탕을 넣고 강한 불에 조리한다. 설탕이 녹기 시작하고 천천히 갈색을 띠는 동안 거품기로 저어준다. 계속 저어야 타지 않는다.
2 설탕이 시럽이 되고 캐러멜화되면 불을 중불로 줄이고 가염버터를 넣은 뒤 버터와 설탕이 잘 섞일 때까지 계속 젓는다.
3 캐러멜이 매우 뜨겁기 때문에 차가운 크림이 튈 수 있으니 주의하여 캐러멜을 계속 젓는 동안 크림을 3번에 걸쳐 나눠 넣는다.
4 불을 끄고 그릇에 옮겨 담아 식힌다.

베일리스 버터크림

1 깨끗한 냄비에 베일리스를 데우고 버터에 끼얹는다.
2 버터가 녹고 베일리스와 섞일 때까지 핸드 믹서로 젓는다.
3 앞서 준비했던 버터캐러멜을 넣고 질감이 매끄러워질 때까지 거품기로 젓는다.

• 럼 레이즌 : 럼, 건포도와 화이트초콜릿 •

4cm 마카롱 12개(코크 24개) – 건조 시간 30분, 굽는 시간 12~15분, 필링 준비하는 시간 30분

코크

- 달걀흰자 1개(40g) • 설탕 30g
- 아몬드 가루 30g • 슈거파우더 50g • 식용색소 가루 갈색 1/4티스푼

필링

- 생크림 20g • 화이트초콜릿 50g • 화이트럼 10g • 건포도 10g

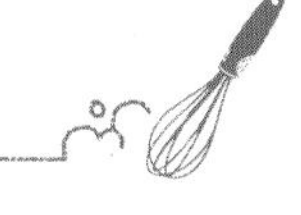

조리법

코크

1 20~21쪽 '기본 마카롱 코크 굽기'를 참고한다.
2 마른 재료와 머랭을 섞은 후 폴딩한다. 1테이블스푼만 떼 다른 그릇에 담고 나머지는 짤주머니에 담는다.
3 따로 뗀 반죽에 갈색 색소를 넣고 잘 섞는다.
4 코크를 짜고 갈색 반죽을 젓가락으로 찍어 코크 위에 선을 긋는다.
5 이쑤시개로 선 왼쪽을 찍어 오른쪽으로 긋고, 다시 오른쪽을 찍어 왼쪽으로 그으면 지그재그 무늬를 만들 수 있다.
6 150°C에서 12분간 굽는다. 트레이에서 코크를 떼기 전에 충분히 식힌다.

필링

1 건포도는 2시간 동안 럼에 담근다.
2 화이트초콜릿을 잘게 부숴 내열그릇에 담고 중탕해서 녹인다.
3 작은 냄비에 크림과 럼, 건포도를 담고 데운다.
4 데운 크림을 초콜릿에 3번에 나눠 담고 잘 섞는다.
5 가나슈를 작은 그릇에 옮겨 담고 랩을 밀착시켜 덮은 뒤 1~2시간 동안 냉장 보관한다.
6 코크에 짠다.

• 퍼플 미 : 블랙커런트, 크렘드카시스와 화이트초콜릿 •

4cm 마카롱 12개(코크 24개) – 건조 시간 30분, 굽는 시간 12~15분, 필링 준비하는 시간 30분

코크

• 달걀흰자 1개(40g) • 설탕 30g • 아몬드 가루 30g • 슈거파우더 50g
• 식용색소 가루 보라색 1/2티스푼 • 식용색소 가루 메탈릭 은색 1/4티스푼 • 설탕 25g

필링

• 블랙커런트 60g • 레몬주스 1티스푼 • 잘게 부순 화이트초콜릿 60g • 생크림 10g
• 크렘드카시스 1테이블스푼(208~209쪽 용어 참고)

조리법

코크

1 20~21쪽 '기본 마카롱 코크 굽기'를 참고한다.
2 설탕에 메탈 느낌의 색을 입히려면 작은 그릇에 설탕 25g과 색소 가루를 넣고 섞는다. 스푼을 살짝 적시고 설탕과 색소를 가볍게 버무린다. 유산지 위에 뿌리고 그대로 말린다.
3 150°C에서 12분간 굽는다. 트레이에서 코크를 떼기 전에 충분히 식힌다.
4 트레이에서 코크를 떼기 전에 코크에 색깔 설탕을 뿌린다.

필링

1 블랙커런트와 레몬주스를 스틱믹서기로 갈아 섞는다.
2 체로 걸러 과육과 씨를 걸러내 매끄러운 퓨레만 따로 담는다. 퓨레는 대략 20~25g이어야 한다.
3 초콜릿을 내열그릇에 담고 중탕해서 녹인다.
4 그동안 작은 냄비에 퓨레와 생크림을 담고 중불에 데운다.
5 데운 크림을 초콜릿에 끼얹고 질감이 매끄러워질 때까지 거품기로 저어 잘 섞는다.
6 마지막으로 크렘드카시스를 넣고 잘 섞는다.
7 코크에 짠다.

IMPORTED

• 레드 핫 보드카 : 라즈베리 보드카와 다크초콜릿 •

4cm 마카롱 12개(코크 24개) – 건조 시간 30분, 굽는 시간 12~15분, 필링 준비하는 시간 30분

코크

• 달걀흰자 1개(40g) • 설탕 30g
• 아몬드 가루 30g • 슈거파우더 50g • 식용색소 가루 적색 1/2티스푼

필링

• 잘게 부순 다크초콜릿 50g • 생크림 50g • 라즈베리 보드카 1테이블스푼

조리법

1 20~21쪽 '기본 마카롱 코크 굽기'를 참고한다.
2 단단하게 뿔이 올라오는 머랭에 마른 재료를 넣고 섞는다. 가볍게 폴딩한 뒤 2테이블스푼만 다른 그릇에 따로 담는다. 따로 뗀 반죽은 묽어질 때까지 잘 섞는다.
3 본래의 반죽에 적색 색소를 넣고 섞는다.
4 코크를 짠다. 반죽을 다 짜면 흰 반죽을 이쑤시개로 찍어 코크에 무늬를 그린다.
5 150°C에서 12분간 굽는다. 트레이에서 코크를 떼기 전에 충분히 식힌다.

1 초콜릿을 내열그릇에 담고 중탕해서 녹인다.
2 그동안 작은 냄비에 크림과 라즈베리 보드카를 넣고 중불에 데운다.
3 데운 크림을 초콜릿에 3번으로 나누어 끼얹고 질감이 매끄러워질 때까지 잘 섞는다.
4 식혔다가 1~2시간 동안 냉장 보관한다.
5 코크에 짠다.

• 엔비 그린 : 칼바도스, 생강, 호두와 화이트초콜릿 •

4cm 마카롱 12개(코크 24개) – 건조 시간 30분, 굽는 시간 12~15분, 필링 준비하는 시간 30분

코크

- 달걀흰자 1개(40g) • 설탕 30g
- 아몬드 가루 30g • 슈거파우더 50g • 식용색소 가루 녹색 1/2티스푼 • 으깬 호두

필링

- 잘게 부순 화이트초콜릿 50g • 생크림 20g • 칼바도스 리큐르 1티스푼 • 다진 생강 설탕절임

조리법

1 20~21쪽 '기본 마카롱 코크 굽기'를 참고한다.
2 코크를 짠다. 반죽을 따 짜면 코크에 으깬 호두를 뿌린다.
3 150°C에서 12분간 굽는다. 트레이에서 코크를 떼기 전에 충분히 식힌다.

필링

1 초콜릿을 내열그릇에 담고 중탕해서 녹인다.
2 그동안 작은 냄비에 크림과 칼바도스를 넣고 중불에 데운다.
3 데운 크림을 초콜릿에 3번으로 나누어 끼얹고 질감이 매끄러워질 때까지 잘 섞는다.
4 식혔다가 냉장 보관한다.
5 가나슈를 코크에 짜고 생강 절임 1조각을 중앙에 올린 뒤 다른 코크로 덮는다.

• 블랙 포레스트 : 키르쉬 체리젤리와 다크초콜릿 •

4cm 마카롱 12개(코크 24개) – 건조 시간 30분, 굽는 시간 12~15분, 필링 준비하는 시간 30분

코크

• 달걀흰자 1개(40g) • 설탕 30g • 아몬드 가루 30g • 슈거파우더 50g
• 설탕을 넣지 않은 코코아 가루 1/2티스푼 • 다크초콜릿 20g • 초콜릿 플레이크

필링

• 술에 절인 체리 10g • 키르쉬 리큐르 20g • 한천 가루 1/4티스푼
• 잘게 부순 다크초콜릿 50g • 생크림 50g

조리법

1 20~21쪽 '기본 마카롱 코크 굽기'를 참고한다.
2 150°C에서 12분간 굽는다. 트레이에서 코크를 떼기 전에 충분히 식힌다.
3 다크초콜릿을 중탕해서 녹이고 초콜릿 플레이크는 작은 그릇에 담는다.
4 식힌 마카롱을 초콜릿에 담갔다가 빼서 초콜릿 플레이크 그릇에 굴린다. 유산지를 깐 베이킹 트레이에 올린다.
5 초콜릿이 굳을 때까지 냉장 보관한다.

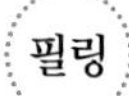

1 술에 절인 체리를 얇게 저며 작은 냄비에 넣는다. 키르쉬 리큐르와 한천 가루를 넣고 끓여 젤리를 만든다. 거품이 오르기 시작하면 1분간 더 끓인다.
2 체리젤리를 작은 접시에 담고 냉장고에 넣어 굳힌다.
3 초콜릿을 내열그릇에 담고 중탕해서 녹인다.
4 그동안 생크림을 중불에 데운다.
5 데운 크림을 초콜릿에 끼얹고 질감이 매끄러워질 때까지 잘 섞는다.
6 실온에 식혔다가 냉장 보관한다.
7 젤리가 완성되면 작게 깍둑썰기한다.
8 코크에 가나슈를 짜고 중앙에 젤리를 올린다. 젤리에 가나슈를 콩알만큼 짜고 다른 코크로 덮는다.

코크

- 달걀흰자 1개(40g) • 설탕 30g • 아몬드 가루 30g • 슈거파우더 50g
- 설탕을 넣지 않은 코코아 가루 1/4티스푼 • 저온에서 살균한 달걀흰자 • 색깔 설탕

필링

- 젤라틴 가루 1g • 물 5g • 달걀노른자 1개 • 설탕 10g • 옥수수 녹말 15g
- 우유 85g • 베일리스 아이리시크림 85g • 설탕 60g • 버터 90g

• 크렘카라멜 : 베일리스 크리미 캐러멜 •

4cm 마카롱 12개(코크 24개) – 건조 시간 30분, 굽는 시간 12~15분, 필링 준비하는 시간 30분

조리법

코크

1 20~21쪽 '기본 마카롱 코크 굽기'를 참고한다.
2 150°C에서 12분간 굽는다. 트레이에서 코크를 떼기 전에 충분히 식힌다.
3 붓에 달걀흰자를 묻혀 구운 코크에 가볍게 칠한 뒤 코크를 색깔 설탕 그릇에 굴린다.

필링

1 작은 그릇에 젤라틴과 물을 넣어 섞은 뒤 냉장고에 넣는다.
2 믹싱 볼에 달걀노른자와 설탕을 넣고 거품기로 젓는다. 여기에 옥수수 녹말을 넣고 매끄러워질 때까지 섞은 뒤 따로 둔다.
3 냄비에 우유와 베일리스를 넣고 끓인다.
4 그동안 중간 크기 구리냄비에 설탕 60g을 넣고 중불에 끓여 캐러멜을 만든다. 설탕이 녹고 황금빛 갈색을 띨 때까지 타지 않도록 계속 저어준다.
5 불을 끄고 캐러멜에 우유와 베일리스 섞은 것을 넣고 질감이 매끄러워질 때까지 계속 젓는다. 캐러멜이 튈 수 있으니 주의한다.
6 냄비를 중불에 다시 올려 끓인다. 캐러멜이 끓으면 앞서 준비했던 노른자에 반만 따르고 섞는다. 잘 저어준 뒤 냄비에 다시 따른다.
7 캐러멜이 걸쭉해질 때까지 계속 거품기로 젓는다. 바닥에서부터 거품이 올라오기 시작하면 완성이다.
8 캐러멜을 깨끗한 그릇에 옮겨 담고 버터를 넣어 섞는다. 실온에 식혔다가 냉장 보관한다.

• 위스키 : 위스키와 다크초콜릿 •

4cm 마카롱 12개(코크 24개) – 건조 시간 30분, 굽는 시간 12~15분, 필링 준비하는 시간 30분

코크

- 달걀흰자 1개(40g) • 설탕 30g • 아몬드 가루 30g • 슈거파우더 50g
- 설탕을 넣지 않은 코코아 가루 1/2티스푼 • 식용색소 가루 메탈릭 금색

필링

- 잘게 부순 다크초콜릿 50g • 생크림 30g • 위스키 20g

조리법

1 20~21쪽 '기본 마카롱 코크 굽기'를 참고한다.
2 150°C에서 12분간 굽는다. 트레이에서 코크를 떼기 전에 충분히 식힌다.
3 살짝 적신 붓에 메탈릭 금색 색소를 묻혀 코크에 칠한다.

1 초콜릿을 내열그릇에 담고 중탕해서 녹인다.
2 그동안 생크림과 위스키를 중불에 데운다.
3 데운 크림을 초콜릿에 3번에 걸쳐 끼얹고 질감이 매끄러워질 때까지 잘 섞는다.
4 실온에 식혔다가 1~2시간 동안 냉장 보관한다.
5 코크에 짠다.

• 민티 쿨 : 크렘드멍트와 화이트초콜릿 •

4cm 마카롱 12개(코크 24개) – 건조 시간 30분, 굽는 시간 12~15분, 필링 준비하는 시간 30분

코크

- 달걀흰자 1개(40g) • 설탕 30g • 아몬드 가루 30g • 슈거파우더 50g
- 식용색소 가루 녹색 1/2티스푼 • 민트 설탕절임(선택)

필링

- 잘게 부순 화이트초콜릿 50g • 생크림 20g • 크렘드멍트 리큐르 5g

조리법

코크

1 20~21쪽 '기본 마카롱 코크 굽기'를 참고한다.
2 민트 설탕절임이 있으면 코크를 굽기 전에 코크 위에 뿌린다.
3 150°C에서 12분간 굽는다. 트레이에서 코크를 떼기 전에 충분히 식힌다.

필링

1 초콜릿을 내열그릇에 담고 중탕해서 녹인다.
2 그동안 크림과 크렘드멍트를 중불에 데운다.
3 데운 크림을 초콜릿에 3번에 걸쳐 끼얹고 질감이 매끄러워질 때까지 잘 섞는다.
4 실온에 식혔다가 1~2시간 동안 냉장 보관한다.
5 코크에 짠다.

마카롱을 굽는 기쁨을 느끼게 해주는

생일, 밸런타인, 웨딩, 할로윈, 크리스마스 등

특별한 날을 준비하는 마카롱들

PART FOUR

Theme & form

• 새해 : 거품 이는 샴페인 •

4cm 마카롱 12개(코크 24개) – 건조 시간 30분, 굽는 시간 12~15분, 필링 준비하는 시간 30분

코크

- 달걀흰자 1개(40g) • 설탕 30g
- 아몬드 가루 30g • 슈거파우더 50g • 식용색소 가루 금색 1/2티스푼 • 식용색소 가루 금색 1/4티스푼

필링

- 달걀노른자 1개 • 설탕 25g • 물 8g • 버터 60g (실온 보관, 깍둑썰기)
- 톡톡 튀는 캔디 20g (맛을 내지 않은 설탕 캔디) • 샴페인 또는 스파클링 와인 2테이블스푼

조리법

코크

1 20~21쪽 '기본 마카롱 코크 굽기'를 참고한다.
2 150°C에서 12분간 굽는다.
3 코크를 충분히 식혔다가 트레이에서 뗀다.
4 코크 위에 금색 색소를 체로 쳐서 뿌린다.

필링

1 냄비에 설탕과 물을 넣고 중불에서 끓이며 시럽을 만든다. 당과용 온도계로 온도를 체크하다가 시럽이 114°C가 되면 믹싱 볼에 달걀노른자를 넣고 거품기로 젓기 시작한다.
2 시럽이 118°C가 되면 불을 끄고 노른자를 풀던 그릇 가장자리에 천천히 따른다. 이때 중간 속도로 계속 노른자를 풀어준다.
3 시럽을 넣은 노른자가 약간 식을 때까지 계속 거품기로 젓는다. 그리고 버터를 한 번에 1개씩 넣어가며 잘 섞는다.
4 버터가 완전히 녹으면 톡톡 튀는 캔디와 샴페인을 넣고 가볍게 섞는다. 10분간 냉장 보관한 뒤 짤주머니에 담는다.
5 코크에 짠다.

• 밸런타인데이 : 체리리큐르와 다크초콜릿 •

4cm 마카롱 12개(코크 24개) – 건조 시간 30분, 굽는 시간 12~15분, 필링 준비하는 시간 30분

코크

• 달걀흰자 1개(40g) • 설탕 30g
• 아몬드 가루 30g • 슈거파우더 50g • 식용색소 가루 적색 1/2티스푼

필링

• 생크림 40g • 잘게 부순 다크초콜릿 50g
• 키르쉬 리큐르 1티스푼 • 통조림 체리 12알(물기 빼고 2등분)

조리법

코크

1 20~21쪽 '기본 마카롱 코크 굽기'를 참고한다.
2 코크를 하트 모양으로 짠다. 먼저 평소대로 짤주머니에 힘을 주고 짜다가 점점 힘을 빼서 끝을 뾰족하게 만들어 하트 절반을 만들고, 반대쪽도 똑같이 짜서 하트 모양을 완성한다.
3 150°C에서 12분간 굽는다. 트레이에서 코크를 떼기 전에 충분히 식힌다.

필링

1 다크초콜릿을 내열그릇에 담고 중탕해서 녹인다.
2 작은 냄비에 크림을 데우다가 키르쉬 리큐르를 넣고 끓인다. 크림이 끓으면 불을 끄고 3번에 걸쳐 초콜릿에 넣고 잘 섞는다. 한 번 넣을 때마다 잘 섞어주고, 가나슈가 매끄러워질 때까지 섞는다.
3 코크에 가나슈를 짜고 그 위에 체리를 올린다. 체리 위에 가나슈를 콩알만큼 짠 뒤 다른 코크로 덮는다.

• 성패트릭의 날 : 만자나 솔티드 버터크림 •

4cm 마카롱 12개(코크 24개) – 건조 시간 30분, 굽는 시간 12~15분, 필링 준비하는 시간 30분

코크

• 달걀흰자 1개(40g) • 설탕 30g
• 아몬드 가루 30g • 슈거파우더 50g • 식용색소 가루 연두색 1/2티스푼 • 식용색소 가루 녹색 약간

필링

• 달걀노른자 1개 • 버터 30g (실온 보관, 깍둑썰기) • 설탕 25g • 물 8g
• 만자나 사과 리큐르 1테이블스푼

조리법

코크

1 20~21쪽 '기본 마카롱 코크 굽기'를 참고한다. 마른 재료와 머랭을 가볍게 섞고 1테이블스푼만 떠 다른 그릇에 담는다. 따로 분리한 반죽에 짙은 녹색 색소를 넣고 반죽이 약간 묽어질 때까지 섞는다.
2 본래의 반죽을 폴딩하고 짤주머니에 담아 코크를 짠다.
3 따로 만들었던 녹색 반죽를 꼬치나 젓가락으로 찍어 코크에 클로버 모양을 그린다.
4 150°C에서 12분간 굽는다. 트레이에서 코크를 떼기 전에 충분히 식힌다.

필링

1 작은 냄비에 설탕과 물을 넣고 중불에 끓여 시럽을 만든다. 당과용 온도계로 온도를 체크하다가 시럽이 114°C가 되면 달걀노른자를 풀기 시작한다.
2 시럽이 118°C가 되면 불을 끄고 노른자를 풀던 그릇 가장자리에 천천히 따른다. 이때 중간 속도로 계속 노른자를 풀어준다.
3 시럽을 넣은 노른자가 약간 식을 때까지 계속 거품기로 젓는다. 그리고 버터를 한 번에 1개씩 넣어가며 잘 섞는다.
4 마지막에 만자나 사과 리큐르를 넣고 버터크림이 매끄러워질 때까지 거품기로 젓는다.
5 10분간 냉장 보관했다가 짤주머니에 넣고 코크에 짠다.

• 부활절 : 레드프루트 티와 다크초콜릿 •

토끼 모양 마카롱 5개(코크 10개) – 건조 시간 30분, 굽는 시간 12~15분, 필링 준비하는 시간 30분

{ 참고 : 이 레시피에는 별도의 짤주머니와 3번 깍지가 필요 }

코크

• 달걀흰자 1개(40g) • 설탕 30g • 아몬드 가루 30g • 슈거파우더 50g
• 흑색과 분홍색 장식펜(푸드 데코레이션용) • 마카롱 장식할 하트 모양 캔디

필링

• 생크림 100g • 레드프루트 티백 1개 • 잘게 부순 다크초콜릿 50g

조리법

코크

1 20~21쪽 '기본 마카롱 코크 굽기'를 참고한다.
2 반죽 4분의 1을 작은 깍지를 낀 짤주머니에 담아 따로 둔다.
3 나머지 반죽을 보통 깍지(8번)를 낀 짤주머니에 담는다.
4 반죽을 타원형으로 짜 토끼 몸통을 만든다.
5 작은 깍지를 낀 짤주머니로 귀와 꼬리를 짠다. 꼬리 근처에 하트 모양 캔디를 붙인다.
6 전체 코크의 절반(5개)에 반복한다.
7 150°C에서 12분간 굽는다. 트레이에서 코크를 떼기 전에 충분히 식힌다.
8 코크가 식으면 장식펜으로 토끼 눈과 코를 그린다. 트레이에서 뗄 때 귀가 부러지기 쉬우므로 주의한다.

필링

1 크림에 티백을 담가 3분간 우린다. 그동안 초콜릿을 내열그릇에 담고 중탕해서 녹인다.
2 티백을 꺼낸 후 크림을 남김없이 짜낸다. 초콜릿에 섞을 크림은 총 50g이어야 한다.
3 크림을 다시 데우고 3번에 걸쳐 초콜릿에 나누어 넣고 잘 섞는다.
4 가나슈를 식혔다가 1~2시간 동안 냉장 보관하여 살짝 굳힌다.

I ♥ U
Mommy

• 어머니의 날 : 레드커런트크림 •

4cm 마카롱 12개(코크 24개) – 건조 시간 30분, 굽는 시간 12~15분, 필링 준비하는 시간 30분

코크

- 달걀흰자 1개(40g) • 설탕 30g
- 아몬드 가루 30g • 슈거파우더 50g • 마카롱 장식할 하트 모양 캔디

필링

- 레드커런트 100g • 설탕 40g • 옥수수 녹말 1/4티스푼 • 레몬주스 1/2티스푼 • 한천 가루 1/4티스푼

조리법

코크

1 20~21쪽 '기본 마카롱 코크 굽기'를 참고한다.

2 코크를 짜고 절반(12개)에는 하트 캔디를 붙인다.

3 150°C에서 12분간 굽는다. 트레이에서 코크를 떼기 전에 충분히 식힌다.

필링

1 레드커런트와 옥수수 녹말, 설탕을 블렌더에 넣고 갈아준다.

2 작은 냄비에 체를 걸쳐놓고 그 위에 마른 재료를 부어 불순물을 제거한다.

3 레몬주스와 한천 가루를 넣고 섞은 뒤 3분간 끓인다. 반죽을 계속 저어주어야 타지 않는다.

4 불을 끄고 반죽을 작은 그릇에 옮겨 담는다. 실온에 식혔다가 냉장 보관한다.

LOVE YOU
DADDY!

• 아버지의 날 : 블랙티와 바닐라초콜릿 •

4cm 마카롱 12개(코크 24개) – 건조 시간 30분, 굽는 시간 12~15분, 필링 준비하는 시간 30분

{ 참고 : 이 레시피에는 별도의 짤주머니 2개와 믹싱 볼 1개가 필요 }

코크

- 달걀흰자 1개(40g) • 설탕 30g
- 아몬드 가루 30g • 슈거파우더 50g • 식용색소 가루 흑색 1/2티스푼 • 식용색소 가루 청색 1/2티스푼

필링

- 다크초콜릿 50g • 생크림 100g • 바닐라빈 1개 • 블랙티백 1개

조리법

코크

1. 색깔별로 쓸 작은 짤주머니 2개와 8번 깍지를 낀 큰 짤주머니 1개를 준비한다.
2. 22~23쪽 '마블 마카롱 코크 굽기'를 참고한다.
3. 작은 짤주머니 2개를 큰 짤주머니에 넣는다. 짤주머니를 천천히 짜면서 양옆을 길게 늘려 작은 직사각형 코크를 짠다.
4. 150°C에서 12분간 굽는다. 트레이에서 코크를 떼기 전에 충분히 식힌다.

필링

1. 바닐라빈을 반으로 갈라 긁어낸 씨와 껍질을 냄비에 담는다. 냄비에 크림과 티백도 넣고 데운 뒤 10분간 그대로 둔다.
2. 그동안 다크초콜릿을 내열그릇에 담아 중탕해서 녹인다.
3. 시간이 지나면 티백을 꺼내 크림을 남김없이 짜낸 뒤 티백과 바닐라빈 껍질은 버린다. 우린 크림의 분량은 총 50g이어야 한다.
4. 크림을 3번에 걸쳐 초콜릿에 나눠 담고 잘 섞는다.
5. 가나슈가 살짝 굳을 때까지 1~2시간 동안 냉장 보관한다.

• 여자아이 생일 : 파인애플과 화이트초콜릿 •

4cm 마카롱 24개(코크 48개) – 건조 시간 30분, 굽는 시간 12~15분, 필링 준비하는 시간 30분

코크

- 달걀흰자 2개(80g) • 설탕 60g
- 아몬드 가루 60g • 슈거파우더 100g • 식용색소 가루 황색, 적색, 청색

필링

- 설탕을 넣지 않은 파인애플주스 40g • 생크림 20g • 잘게 부순 화이트초콜릿 100g
- 통조림 또는 신선한 파인애플 6~8조각(퓨레)

조리법

코크

1 색깔 조합을 다르게 해서 코크 2세트를 구워낸다.
2 작은 짤주머니 3개와 8번 깍지를 낀 큰 짤주머니 1개를 준비한다.
3 22~23쪽 '마블 마카롱 코크 굽기'를 참고한다.
4 한 세트는 황색과 주황색(황색+적색), 적색을 조합한다.
5 작은 짤주머니 3개를 큰 짤주머니에 넣고 코크를 짠다.
6 150°C에서 12분간 굽는다. 트레이에서 코크를 떼기 전에 충분히 식힌다.
7 나머지 한 세트는 녹색(청색+황색), 청색, 보라색(청색+적색)을 조합해서 굽는다.

필링

1 파인애플 퓨레를 만들고 체로 걸러내 따로 둔다.
2 화이트초콜릿을 내열그릇에 담고 중탕해서 녹인다.
3 작은 냄비에 파인애플주스와 크림을 넣고 데운다. 그다음에 퓨레를 넣고 저으며 잘 섞는다.
4 불을 끄고 파인애플크림을 3번에 걸쳐 초콜릿에 나눠 넣고 섞는다. 그릇에 담아 식혔다가 살짝 굳을 때까지 1~2간 동안 냉장 보관한다.

• 남자아이 생일 : 버블베어 캔디 •

7cm 마카롱 4개(코크 8개) – 건조 시간 30분, 굽는 시간 12~15분, 필링 준비하는 시간 30분

{ 참고 : 이 레시피에는 별도의 믹싱 볼 2개, 젓가락 1쌍, 나무꼬치가 필요 }

코크

- 달걀흰자 1개(40g) • 설탕 30g • 아몬드 가루 30g • 슈거파우더 50g
- 식용색소 가루 청색 1/4티스푼 • 식용색소 가루 흑색 1/4티스푼 • 식용색소 가루 적색 약간

필링

- 생크림 50g • 잘게 부순 다크초콜릿 50g • 톡톡 튀는 캔디 30g (천연향 또는 맛을 가미하지 않은 캔디)

조리법

코크

1. 20~21쪽 '기본 마카롱 코크 굽기'를 참고한다.
2. 각 그릇에 반죽을 1테이블스푼씩 떠 나눠 담는다. 하나에만 적색 색소를 넣고 잘 섞는다.
3. 본래 반죽에는 청색 색소를 넣고 폴딩한다. 반죽을 짤주머니에 넣고 약 5cm 크기의 동그란 코크를 8개 짠다. 그중 4개의 양 옆에 작은 동그라미를 2개씩 짜 귀를 만든다. 귀가 있는 코크가 앞면이다.
4. 흰 반죽을 젓가락으로 찍어 앞면 코크 4개의 중앙에 살살 칠한다.
5. 다른 젓가락으로는 분홍색 반죽을 찍어 중앙에 찍었던 흰 동그라미 양옆과 귀 중앙에 살살 칠한다.
6. 앞서 사용했던 흰 반죽에 흑색 색소를 넣고 잘 섞어 똑같은 방법으로 눈과 코를 그린다.
7. 20~21쪽대로 20분간 굽는다.

필링

1. 다크초콜릿을 내열그릇에 담고 중탕해서 녹인다.
2. 크림을 데운 뒤 3번에 걸쳐 초콜릿에 나눠 넣고 잘 섞는다.
3. 6분간 식혔다가 톡톡 튀는 캔디를 넣는다.
4. 가볍게 섞은 뒤 가나슈에 랩을 밀착시켜 덮고 1~2시간 동안 냉장 보관한다.
5. 가나슈를 코크에 짠다. 그 위에 나무꼬치를 놓고 앞면 코크로 덮는다.

• 할로윈 : 그랑 마니에르®와 화이트초콜릿 •

4cm 마카롱 12개(코크 24개) – 건조 시간 30분, 굽는 시간 12~15분, 필링 준비하는 시간 30분

코크

• 달걀흰자 1개(40g) • 설탕 30g
• 아몬드 가루 30g • 슈거파우더 50g • 젤 식용색소 흑색 1/2티스푼 • 식용색소 가루 주황색 1/4티스푼

필링

• 잘게 부순 화이트초콜릿 50g • 생크림 50g • 계피 가루 약간 • 그랑 마니에르® 1테이블스푼

조리법

코크

1 20~21쪽 '기본 마카롱 코크 굽기'를 참고한다.
2 마른 재료와 머랭을 가볍게 섞고 1테이블스푼만큼 작은 그릇에 따로 담는다. 거기에 주황색 색소를 넣고 반죽이 약간 묽어질 때까지 잘 섞는다.
3 본래 반죽에 흑색 색소를 넣고 20~21쪽대로 폴딩한다.
4 코크를 짜고 주황색 반죽으로 장식한다. 주황색 반죽을 이쑤시개로 찍어 코크에 점을 찍는다.

필링

1 초콜릿을 내열그릇에 담고 중탕해서 녹인다.
2 냄비에 크림과 계피 가루를 넣고 데운다.
3 크림이 데워지면 3번에 걸쳐 초콜릿에 나눠 넣고 거품기로 저어 잘 섞는다.
4 그랑 마니에르®를 넣고 잘 섞은 뒤 그릇에 담는다. 가나슈에 랩을 밀착시켜 덮고 살짝 굳을 때까지 1시간 동안 냉장 보관한다.

• 크리스마스 : 시나몬아니스초콜릿과 와인젤리 •

6cm 눈사람 모양 마카롱 5개(코크 10개) – 건조 시간 30분, 굽는 시간 12~15분, 필링 준비하는 시간 30분

코크

• 달걀흰자 1개(40g) • 설탕 30g
• 아몬드 가루 30g • 슈거파우더 50g • 식용색소 가루 청색 1/4티스푼 • 흑색 아이싱펜

필링

• 잘게 부순 화이트초콜릿 50g • 생크림 50g • 계피 가루 1/4티스푼 • 아니스 간 것 1/4티스푼
• 아니스 가루 1/4티스푼 • 레드와인 50㎖ • 한천 가루 1/4티스푼

조리법

코크

1 20~21쪽 '기본 마카롱 코크 굽기'를 참고한다.
2 반죽을 3테이블스푼만큼 떠 다른 그릇에 담고 청색 색소를 섞어 따로 둔다.
3 코크를 눈사람 모양으로 짠다. 2cm가량의 동그라미를 짠 뒤 4cm가량의 동그라미를 이어 짠다. 반죽을 모두 짰으면 청색 반죽을 젓가락으로 찍어 동그라미 2개 사이에 칠해 목도리를 그린다.
4 150°C에서 12분간 굽는다. 트레이에서 코크를 떼기 전에 충분히 식힌다.

필링

1 작은 냄비에 레드와인과 한천 가루를 넣고 끓여 젤리를 만든다. 거품이 오르면 2분간 끓인 뒤 납작한 접시에 담아 식혔다가 냉장고에 넣는다.
2 다크초콜릿을 내열그릇에 담아 중탕해서 녹인다.
3 다른 그릇에 크림과 계피 가루, 아니스 가루를 넣고 끓인다. 거품이 오르면 바로 불을 끄고 10분간 그대로 둔다.
4 크림을 다시 데우고 초콜릿에 끼얹어 잘 섞는다. 실온에 식혔다가 냉장고에 넣는다.
5 젤리는 작게 깍둑썰기를 한다. 코크에 가나슈를 짜고 그 위에 젤리를 올린다. 젤리에 가나슈를 콩알만큼 짜고 다른 코크로 덮는다.

I Do

• 가든 웨딩 : 로즈 버터크림 •

4cm 마카롱 12개(코크 24개) – 건조 시간 30분, 굽는 시간 12~15분, 필링 준비하는 시간 1시간

코크

- 달걀흰자 1개(40g) • 설탕 30g
- 아몬드 가루 30g • 슈거파우더 50g • 식용색소 가루 적색 1/2티스푼

필링

- 설탕 30g • 장미수 16g • 달걀노른자 1개 • 버터 60g (실온 보관, 깍둑썰기) • 말린 장미꽃잎(선택)

조리법

코크

1 20~21쪽 '기본 마카롱 코크 굽기'를 참고한다.
2 150°C에서 12분간 굽는다. 트레이에서 코크를 떼기 전에 충분히 식힌다.

필링

1 냄비에 설탕과 장미수를 넣고 중불에 데운다. 당과용 온도계로 온도를 체크하다가 114°C가 되면 달걀노른자를 풀기 시작한다.
2 시럽이 118°C가 되면 불을 끄고 노른자를 풀던 그릇 가장자리에 천천히 따른다. 이때 중간 속도로 계속 노른자를 풀어준다. 시럽을 넣은 노른자가 약간 식을 때까지 계속 거품기로 젓는다.
3 버터를 한 번에 1개씩 넣어가며 잘 섞는다.
4 마지막으로 말린 장미꽃잎(있다면)을 넣고 버터크림이 매끄러워질 때까지 잘 섞는다.
5 코크 절반에 버터크림을 짜고 나머지 절반으로 덮는다.

• 웜뱃 : 헤이즐넛과 밀크초콜릿 •

4cm 웜뱃 모양 마카롱 9개(코크 18개) – 건조 시간 30분, 굽는 시간 12~15분, 필링 준비하는 시간 30분

{ 참고 : 이 레시피에는 별도의 짤주머니와 3번 깍지가 필요 }

코크

- 달걀흰자 1개(40g) • 설탕 30g
- 아몬드 가루 30g • 슈거파우더 50g • 코코아 가루 1/2티스푼 • 흑색 아이싱펜

필링

- 생크림 40g • 잘게 부순 밀크초콜릿 50g • 헤이즐넛 가루 9g • 버터 10g (실온 보관, 깍둑썰기)

조리법

코크

1 20~21쪽 '기본 마카롱 코크 굽기'를 참고한다.
2 반죽의 4분의 1을 작은 깍지를 낀 짤주머니에 넣고 따로 둔다.
3 나머지 4분의 3은 8번 깍지를 낀 짤주머니에 넣는다.
4 8번 깍지를 낀 짤주머니로 코크를 둥글게 짠다. 작은 깍지를 낀 짤주머니로 천천히 귀 모양을 짠다.
5 코크 절반(9개)에 귀를 짠다.
6 150°C에서 12분간 굽는다. 트레이에서 코크를 떼기 전에 충분히 식힌다.
7 코크가 식으면 눈과 코를 그린다. 트레이에서 코크를 뗄 때는 부서지기 쉬우므로 주의한다.

필링

1 초콜릿을 내열그릇에 담아 중탕해서 녹인다.
2 냄비에 크림을 넣고 중간불로 데운 후 초콜릿에 끼얹어 잘 섞는다. 헤이즐넛 가루와 버터를 넣고 가나슈가 매끄러워질 때까지 잘 섞는다.
3 가나슈를 식혔다가 살짝 굳을 때까지 냉장 보관한다.

• 폼므다무르 : 폼므다무르와 화이트초콜릿 •

4cm 사과 모양 마카롱 10개(코크 20개) – 건조 시간 30분, 굽는 시간 12~15분, 필링 준비하는 시간 30분

{ 참고 : 이 레시피에는 별도의 짤주머니와 3번 깍지가 필요 }

코크

- 달걀흰자 1개(40g) • 설탕 30g • 아몬드 가루 30g • 슈거파우더 50g
- 페이스트 식용색소 적색 1/2티스푼 • 식용색소 가루 황색 1/4티스푼

필링

- 생크림 30g • 잘게 부순 발로나Valrhona 화이트초콜릿 50g • 폼므다무르 시럽 10g

조리법

코크

1 22~23쪽 '마블 마카롱 코크 굽기'를 참고한다.

2 마른 재료를 푸드프로세서에 넣고 갈아준 뒤 머랭에 넣어 가볍게 섞는다. 반죽 절반을 별도의 그릇에 담아 황색 색소를 넣고 폴딩한다. 들어 올렸을 때 흘러내리며 계단 모양으로 겹쳐질 때까지 폴딩한다. 본래의 반죽에는 적색 색소를 넣고 폴딩한다.

3 반죽이 고르고 윤이 나며, 들어 올렸을 때 흘러내리며 계단 모양으로 겹쳐질 때까지 폴딩한다.

4 베이킹 트레이에 유산지를 깔고 짤주머니에 적색 반죽과 황색 반죽을 번갈아 담는다.

5 2개의 사선이 바닥에서 겹치도록 짜서 사과 모양을 만든다.

6 150°C에서 12분간 굽는다. 트레이에서 코크를 떼기 전에 충분히 식힌다.

필링

1 냄비에 크림과 시럽을 넣고 데운다.

2 그동안 초콜릿을 내열그릇에 담고 중탕해서 녹인다.

3 따뜻한 크림을 초콜릿에 끼얹고 가나슈가 매끄러워질 때까지 잘 섞는다.

4 가나슈를 식혔다가 살짝 굳을 때까지 1~2시간 동안 냉장 보관한다.

• 쇼코바난 : 바나나와 다크초콜릿 •

4cm x 2cm 바나나 모양 마카롱 10개(코크 20개) – 건조 시간 30분, 굽는 시간 12~15분, 필링 준비하는 시간 30분

{ 참고 : 이 레시피에는 별도의 짤주머니와 3번 깍지가 필요 }

코크

- 달걀흰자 1개(40g) • 설탕 30g
- 아몬드 가루 30g • 슈거파우더 50g • 식용색소 가루 황색 1/4티스푼 • 흑색 장식펜

필링

- 생크림 50g • 잘게 부순 다크초콜릿 50g • 으깬 바나나 10g • 버터 10g

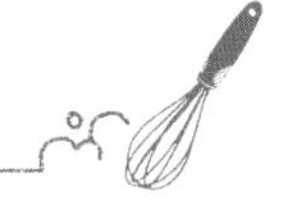

조리법

코크

1 20~21쪽 '기본 마카롱 코크 굽기'를 참고한다.
2 반죽의 2테이블스푼을 떠 별도의 짤주머니에 넣는다.
3 나머지 반죽은 본래 짤주머니에 넣고 달 모양으로 짠다. 반죽을 다 짜면 다른 짤주머니로 바나나 꼭지를 짠다.
4 150°C에서 12분간 굽는다. 트레이에서 코크를 떼기 전에 충분히 식힌다.
5 장식펜으로 구운 코크 끝을 칠한다.

필링

1 냄비에 크림을 데운다.
2 그동안 초콜릿을 내열그릇에 담고 중탕해서 녹인다.
3 따뜻한 크림을 초콜릿에 끼얹고 가나슈가 매끄러워질 때까지 잘 섞는다.
4 바나나와 버터를 넣고 거품기로 젓는다.
5 가나슈에 랩을 밀착시켜 덮고 살짝 굳을 때까지 1~2시간 동안 냉장 보관한다.

코크

• 달걀흰자 1개(40g) • 설탕 30g • 아몬드 가루 30g • 슈거파우더 50g
• 식용색소 가루 주황색 1/2티스푼 • 식용색소 가루 흑색 1/4티스푼 • 흑색과 분홍색 장식펜

필링

• 다진 오렌지껍질 설탕절임 • 잘게 부순 다크초콜릿 50g • 생크림 50g

• 키티맥 : 오렌지 설탕절임과 다크초콜릿 •

3cm 고양이 모양 마카롱 12개(코크 24개) – 건조 시간 30분, 굽는 시간 12~15분, 필링 준비하는 시간 30분

{ 참고 : 이 레시피에는 별도의 짤주머니와 3번 깍지가 필요 }

조리법

코크

1 20~21쪽 '기본 마카롱 코크 굽기'를 참고한다. 단단하게 친 머랭에 마른 재료를 넣고 가볍게 섞는다. 반죽의 2테이블스푼만 작은 그릇에 따로 담는다.
2 본래 반죽에 색소 가루를 넣고 폴딩한다. 20~21쪽을 참고한다.
3 폴딩한 반죽의 4분의 1을 작은 깍지를 낀 짤주머니에 담아 따로 둔다.
4 나머지 4분의 3은 8번 깍지를 낀 짤주머니에 담는다.
5 코크를 둥글게 짠다. 반죽을 다 짜면 작은 깍지를 낀 짤주머니로 귀를 짠다.
6 흰 반죽을 꼬치로 찍어 코크 아래쪽에 둥글게 칠한다. 코크 절반(12개)에 똑같이 반복한다.
7 150°C에서 12분간 굽는다. 트레이에서 코크를 떼기 전에 충분히 식힌다.
8 코크가 식으면 눈과 코, 수염을 그린다. 트레이에서 뗄 때 코크가 부서지기 쉬우니 주의한다.

필링

1 초콜릿을 내열그릇에 담고 중탕해서 녹인다.
2 그동안 다른 냄비에 크림을 넣고 데운다.
3 초콜릿이 녹으면 따뜻한 크림을 끼얹고 잘 섞은 뒤 식힌다.
4 코크에 가나슈를 짜고 중앙에 오렌지 설탕절임을 올린 뒤 다른 코크로 덮는다.

• 카카우에트 : 피넛 버터크림 •

5cm 땅콩 모양 마카롱 10개(코크 20개) – 건조 시간 30분, 굽는 시간 12~15분, 필링 준비하는 시간 30분

코크

- 달걀흰자 1개(40g) • 설탕 30g
- 아몬드 가루 30g • 슈거파우더 50g • 설탕을 넣지 않은 코코아 가루 1/2티스푼 • 흑색 장식펜

필링

- 볶은 땅콩 100g • 코셔소금 1/4티스푼 • 꿀 1/2티스푼 • 땅콩오일 70g

조리법

코크

1 20~21쪽 '기본 마카롱 코크 굽기'를 참고한다.
2 짤주머니에 반죽을 채우고 2cm가량의 작은 동그라미를 짠 뒤 4cm가량의 동그라미를 이어 짠다.
3 150°C에서 12분간 굽는다. 트레이에서 코크를 떼기 전에 충분히 식힌다.
4 코크가 식으면 장식펜으로 무늬를 그린다.

필링

1 블렌더에 땅콩과 소금, 꿀을 넣고 간다.
2 1분간 간 뒤 벽에 붙은 가루를 긁어 아래로 모은다.
3 뚜껑을 다시 닫고 안으로 땅콩오일을 천천히 흘려주면서 질감이 매끄러워질 때까지 계속 간다.

코크

• 달걀흰자 1개(40g) • 설탕 30g

• 아몬드 가루 30g • 슈거파우더 50g • 설탕을 넣지 않은 코코아 가루 1/2티스푼 • 볶은 아몬드 슬라이스

필링

프럴린 • 껍질 벗긴 아몬드 35g • 껍질 벗긴 헤이즐넛 35g • 설탕 75g

커스터드크림 • 달걀노른자 2개 • 설탕 55g • 옥수수 녹말 13g • 우유 160㎖ • 생크림 또는 휘핑한 생크림 93㎖

• 파리브레스트 : 프럴린 버터크림 •

8cm 도넛 모양 마카롱 5개(코크 10개) – 건조 시간 30분, 굽는 시간 12~15분, 필링 준비하는 시간 30분

조리법

코크

1 유산지에 지름 8cm의 동그라미를 10개 그리고 뒤집으면 선이 그대로 비친다. 코크를 짤 때 동그라미를 채우면 코크를 일정한 크기로 짤 수 있다.
2 20~21쪽 '기본 마카롱 코크 굽기'를 참고한다.
3 유산지에 미리 그려둔 선을 따라 코크를 도넛 모양으로 짠다.
4 코크에 볶은 아몬드슬라이스를 뿌린다.
5 20~21쪽대로 굽되 코크 크기가 더 크므로 오븐 안에 2~3분 더 둔다.

필링

프럴린

1 유산지에 가볍게 기름칠해서 프럴린을 만들 준비를 한다. 크고 두꺼운 팬에 아몬드와 헤이즐넛, 설탕을 넣고 약한 불에 익힌다. 설탕이 녹고 견과류가 졸여지기 시작할 때까지 이따금씩 저어준다.
2 견과류에 설탕이 골고루 묻고 설탕이 황금빛 갈색을 띨 때까지 익힌다.
3 기름칠한 유산지에 끼얹고 식힌다. 다 식으면 작게 부숴 푸드프로세서에 넣고 곱게 간다.

필링

커스터드크림

1 냄비에 우유와 설탕을 조금 넣고 끓인다.
2 믹싱 볼에 달걀노른자와 나머지 준비한 설탕을 넣고 색깔이 연해질 때까지 거품기로 젓고 옥수수 녹말을 체로 친 후 섞는다.
3 끓인 우유 가장자리가 살짝 거품이 올라오기 시작하면 노른자에 천천히 따르면서 계속 저어준다. 그러다가 냄비에 다시 옮겨 담고 계속 저어주며 약한 불에 데운다. 그러면 크림이 걸쭉해지기 시작한다. 계속 저어주며 가열하다가 거품이 일기 시작하면 완성이다.
4 크림을 베이킹 트레이에 담고 랩으로 덮어 30분간 냉동 보관한다.
5 크림이 차가워지면 그릇에 담고 부드럽고 크리미해질 때까지 거품기로 젓는다. 프럴린을 넣어 거품기로 젓고, 휘핑한 생크림을 넣고 폴딩한다.

동서양의 맛을 하나의 마카롱에 담아낸

색다르게 다양성을 시도하는

이국적이고 신비로운 마카롱들

PART FIVE

Exotic

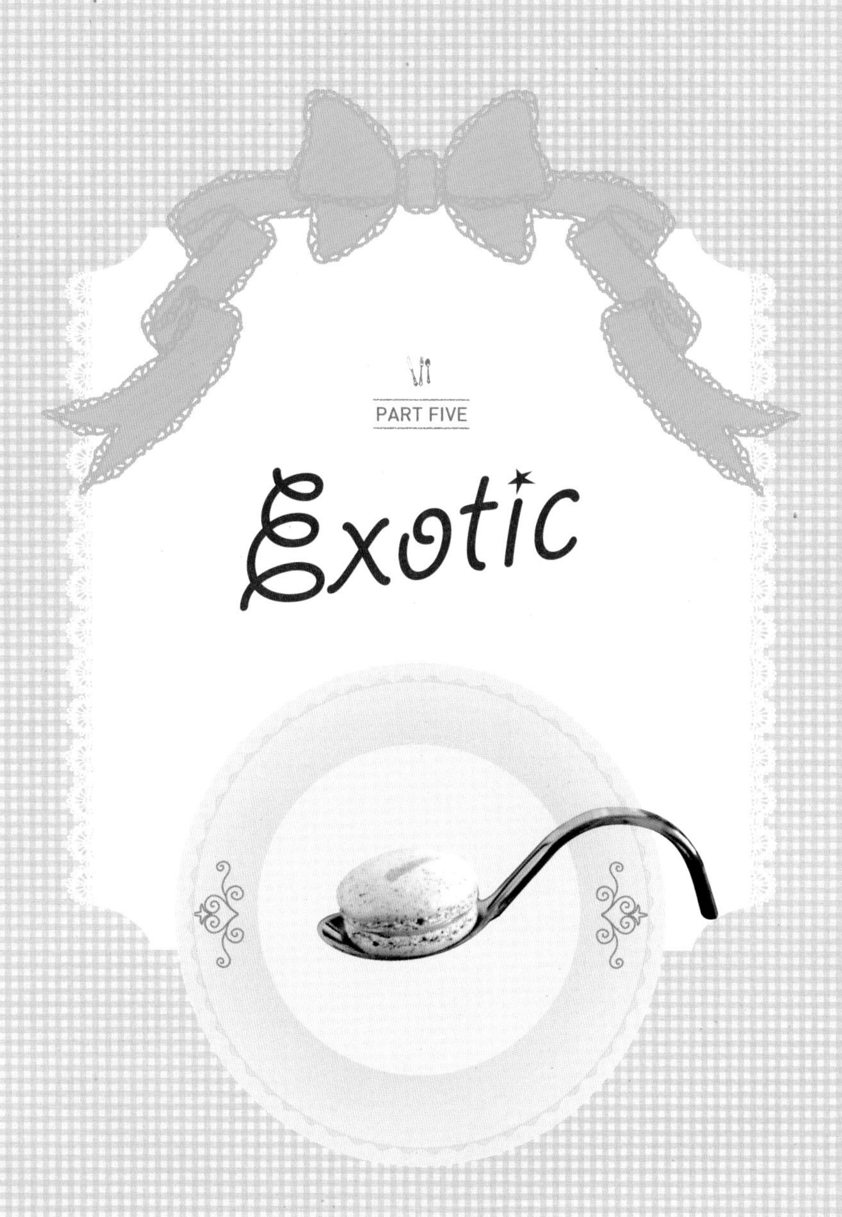

• 아일랜드 트리오 : 히비스커스, 코코넛과 화이트초콜릿 •

4cm 마카롱 12개(코크 24개) – 건조 시간 30분, 굽는 시간 12~15분, 필링 준비하는 시간 45분

코크

• 달걀흰자 1개(40g) • 설탕 30g • 아몬드 가루 30g • 슈거파우더 50g
• 식용색소 가루 적색 1/4티스푼 • 말린 히비스커스 꽃잎 • 식용색소 가루 적색

필링

• 설탕을 넣지 않은 코코넛밀크 30g • 화이트초콜릿 60g • 말린 히비스커스 꽃잎(208~209쪽 용어 참고)

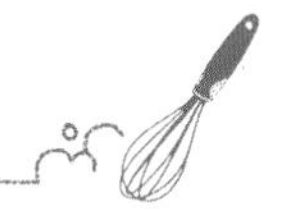

조리법

코크

1 20~21쪽 '기본 마카롱 코크 굽기'를 참고한다.
2 코크를 짜고, 말린 히비스커스 꽃잎을 잘게 찢어 코크 한쪽에 뿌린다.
3 코크가 구워지면 작은 접시에 식용색소 가루 적색과 물 2~3방울을 넣어 섞는다.
4 붓에 색소 섞은 물을 묻혀 꽃잎을 뿌린 쪽 반대편에 칠한다.
5 코크가 식을 때까지 실온에 두었다가 트레이에서 뗀다.

필링

1 화이트초콜릿을 잘게 부숴 내열그릇에 담는다.
2 작은 냄비에 히비스커스 꽃잎과 코코넛밀크를 넣고 중불에 데워 향을 우린다.
3 잘 데워진 코코넛밀크를 화이트초콜릿에 끼얹고 거품기로 저어 잘 섞는다.
4 가나슈가 살짝 굳을 때까지 1~2시간 동안 냉장고에 넣어 식힌다.
5 즐겁게 코크에 짠다.

• 프리티 페블 : 말차, 검은 참깨와 화이트초콜릿 •

4cm 마카롱 12개(코크 24개) – 건조 시간 30분, 굽는 시간 12~15분, 필링 준비하는 시간 45분

코크

• 달걀흰자 1개(40g) • 설탕 30g
• 아몬드 가루 20g • 슈거파우더 50g • 검은 참깨 10g • 식용색소 가루 녹색 1/4티스푼

필링

• 생크림 30g • 화이트초콜릿 60g • 말차 녹차 가루 1테이블스푼(208~209쪽 용어 참고)

조리법

코크

1 20~21쪽 '기본 마카롱 코크 굽기'를 참고한다. 이때 검은 참깨와 아몬드 가루, 슈거파우더를 푸드프로세서에 넣어 섞는다.
2 코크가 구워지면 작은 접시에 식용색소 가루 녹색을 뿌린다.
3 물기 있는 붓으로 색소 가루를 녹여 코크 중앙에 칠한다.
4 코크가 식을 때까지 실온에 두었다가 트레이에서 뗀다.

필링

1 화이트초콜릿을 잘게 부숴 내열그릇에 담는다.
2 작은 냄비에 크림과 녹차 가루를 넣고 섞어 말차크림을 만든다. 향이 우러나도록 10분간 그대로 둔다.
3 말차크림을 중불에 천천히 데운다.
4 잘 데워진 말차크림을 화이트초콜릿에 끼얹고 거품기로 저어 잘 섞는다.
5 가나슈가 살짝 굳을 때까지 1~2시간 동안 냉장고에 넣어 식힌다.
6 즐겁게 코크에 짠다.

• 오리엔탈 : 국화와 다크초콜릿 •

4cm 마카롱 12개(코크 24개) – 건조 시간 30분, 굽는 시간 12~15분, 필링 준비하는 시간 45분

코크

• 달걀흰자 1개(40g) • 설탕 30g • 아몬드 가루 20g • 슈거파우더 50g • 말린 국화 가루(5송이)(208~209쪽 용어 참고)
• 식용색소 가루 황색 1/4티스푼 • 말린 국화 2~3송이(코크 장식용으로 꽃잎만 떼기)

필링

• 생크림 50g • 다크초콜릿 50g • 국화 5송이 • 생크림 20g

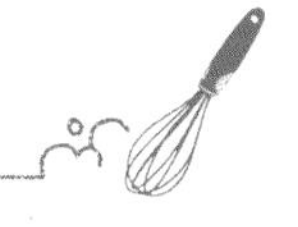

조리법

코크

1 국화와 아몬드 가루, 슈거파우더, 식용색소 가루 황색을 푸드프로세서에 넣어 섞고 체로 걸러 불순물을 제거한다.
2 20~21쪽 '기본 마카롱 코크 굽기'를 참고한다.
3 코크를 짜고 그 위에 국화 꽃잎을 뿌린다.
4 코크를 굽고, 식을 때까지 실온에 두었다가 트레이에서 뗀다.

필링

1 다크초콜릿을 잘게 부숴 내열그릇에 담는다.
2 작은 냄비에 크림 3테이블스푼과 국화를 넣고 섞는다. 그리고 크림을 중불에 천천히 끓인다. 이때 꽃잎이 크림을 듬뿍 흡수한다.
3 불을 끄고 10분간 그대로 두었다가 크림을 체로 거른다. 꾹꾹 눌러주며 걸러 크림을 남김없이 짜내고 꽃잎은 버린다.
4 걸러낸 크림은 15~20g이어야 한다. 크림을 더 넣어 총 40g을 맞춘다.
5 크림을 약한 불에 올려 살짝 데웠다가 다크초콜릿에 끼얹고 거품기로 저어 잘 섞는다.
6 가나슈가 살짝 굳을 때까지 1~2시간 동안 냉장고에 넣어 식힌다.

코크

- 달걀흰자 2개(80g) • 설탕 60g
- 아몬드 가루 60g • 슈거파우더 100g • 식용색소 가루 보라색 1/2티스푼 • 식용색소 가루 황색 1/2티스푼

필링

- 생크림 70g • 밀크초콜릿 90g • 캐러멜 향 2~3방울
- 한천 가루 1/4티스푼(208~209쪽 용어 참고) • 패션프루트 6개

• 릴리코이 : 캐러멜초콜릿과 패션프루트 젤리 •

4cm 마카롱 24개(코크 48개) – 건조 시간 30분, 굽는 시간 12~15분, 필링 준비하는 시간 45분

조리법

코크

1 22~23쪽 '마블 마카롱 코크 굽기'를 참고한다.

2 150°C에서 12분간 굽는다. 트레이에서 코크를 떼기 전에 충분히 식힌다.

필링

1 밀크초콜릿을 잘게 부숴 내열그릇에 담는다.

2 작은 냄비에 크림을 담고 끓인다.

3 크림이 끓으면 밀크초콜릿에 끼얹고 캐러멜 향을 넣은 후 거품기로 저어 잘 섞는다.

4 가나슈가 다 섞이면 실온에서 식혔다가 랩을 밀착시켜 덮고 가나슈가 살짝 굳을 때까지 1시간 동안 냉장 보관한다.

5 패션프루트 과육을 체에 놓고 숟가락으로 눌러 과즙만 짜낸다.

6 작은 냄비에 패션프루트 과즙과 한천 가루를 넣고 섞은 뒤 중불에 2분간 끓인다. 젤리를 끓이는 동안 계속 저어준다.

7 2분이 지나면 젤리를 납작한 접시에 옮겨 담는다. 아주 얇은 젤리를 만들려면 접시가 여러 개 필요할 수도 있다.

8 젤리를 실온에 식혔다가 냉장 보관한다.

9 젤리를 작게 깍둑썰기를 한다. 코크에 가나슈를 짜고 그 위에 젤리를 올린 뒤 가나슈를 콩알만큼 짜고 다른 코크로 덮는다.

• 스윗 앤 페퍼리 : 초피(사천고추)와 라즈베리크림 •

4cm 마카롱 12개(코크 24개) – 건조 시간 30분, 굽는 시간 12~15분, 필링 준비하는 시간 45분

코크

- 달걀흰자 1개(40g) • 설탕 30g • 아몬드 가루 30g • 슈거파우더 50g
- 식용색소 가루 적색 1/4티스푼 • 사천고추 가루 1티스푼(208~209쪽 용어 참고)

필링

- 냉동 또는 신선한 라즈베리 75g • 설탕 25g • 옥수수 녹말 1/4티스푼
- 한천 가루 1/4티스푼 • 레몬주스 1/2티스푼

조리법

코크

1 20~21쪽 '기본 마카롱 코크 굽기'를 참고한다.
2 코크를 짜고 그 위에 사천고추 가루를 약간 뿌린다.
3 150°C에서 12분간 굽는다. 트레이에서 코크를 떼기 전에 충분히 식힌다.

필링

1 스틱믹서기로 라즈베리와 설탕, 옥수수 녹말, 한천 가루를 갈아준다.
2 작은 냄비에 체를 걸쳐놓고 그 위에 반죽을 부어 불순물을 제거한다.
3 중불에 데우면서 2분간 멈추지 않고 거품기로 저어준다.
4 불을 끄고 레몬주스를 섞는다.
5 접시에 옮기고 30분간 냉장 보관한다.
6 코크에 짠다. 이 마카롱은 하루가 지나 코크가 크림의 수분을 흡수해 부드러워졌을 때 먹는 것이 가장 좋다.

• 차이 : 차이 티와 다크초콜릿 •

4cm 마카롱 12개(코크 24개) – 건조 시간 30분, 굽는 시간 12~15분, 필링 준비하는 시간 45분

코크

- 달걀흰자 1개(40g) • 설탕 30g
- 아몬드 가루 30g • 슈거파우더 50g • 설탕을 넣지 않은 코코아 가루 1/2티스푼
- 여러 가지 말린 꽃잎(건강식품점이나 인터넷에서 구입)

필링

- 잘게 부순 다크초콜릿 50g • 생크림 100g • 차이 티백 1개(208~209쪽 용어 참고)

조리법

코크

1 20~21쪽 '기본 마카롱 코크 굽기'를 참고한다.
2 코크를 짜고 그 위에 꽃잎을 뿌린다.
3 150°C에서 12분간 굽는다. 트레이에서 코크를 떼기 전에 충분히 식힌다.

필링

1 냄비에 크림과 티백을 넣고 끓인다. 불을 끄고 10분간 그대로 두어 향을 우린다.
2 내열그릇에 초콜릿을 담고 중탕해서 녹인다.
3 10분이 지나면 티백을 꺼내 꽉 짜서 크림을 남김없이 짜낸다. 크림의 분량은 총 50g이어야 한다.
4 초콜릿에 크림을 3번에 걸쳐 나눠 넣으며 거품기로 젓는다. 가나슈는 매끄럽고 윤기가 흘러야 한다.
5 초콜릿 가나슈를 작은 그릇에 옮겨 담는다. 가나슈에 랩을 밀착시켜 덮고 가나슈가 살짝 굳을 때까지 1~2시간 동안 냉장 보관한다.
6 코크에 짠다.

코크

- 달걀흰자 2개(80g) • 설탕 60g
- 아몬드 가루 60g • 슈거파우더 100g • 식용색소 가루 흑색 1티스푼 또는 젤 식용색소 흑색 1/2티스푼

필링

- 달걀노른자 1개 • 가염버터 60g (실온 보관, 깍둑썰기) • 설탕 25g • 물 8g • 검은 참깨 45g • 하얀 참깨 18g

• 누와에블랑 : 블랙&화이트 참깨와 가염버터크림 •

4cm 마카롱 24개(코크 48개) – 건조 시간 30분, 굽는 시간 12~15분, 필링 준비하는 시간 45분

조리법

코크

1 22~23쪽 '마블 마카롱 코크 굽기'를 참고한다.

2 150°C에서 12분간 굽는다. 트레이에서 코크를 떼기 전에 충분히 식힌다.

필링

1 팬에 기름을 두르지 않고 검은 참깨를 볶는다. 계속 저어주면서 볶다가 향이 올라오면 불을 끄고 절구에 빻아 으깬다.

2 하얀 참깨도 같은 방법으로 볶되 으깨지 말고 그대로 따로 둔다.

3 작은 냄비에 설탕과 물을 넣고 중불에 끓여 시럽을 만든다. 시럽에 당과용 온도계를 담그고 118°C가 될 때까지 끓인다.

4 시럽이 114°C가 되면 믹싱 볼에 달걀노른자를 담고 거품기로 젓는다.

5 시럽이 118°C가 되면 불을 끄고 노른자를 풀던 그릇 가장자리에 천천히 따른다. 이때 중간 속도로 계속 노른자를 풀어준다.

6 시럽을 섞은 노른자의 온도가 미지근해질 때까지 계속 거품기로 젓는다.

7 버터를 한 번에 1개씩 넣어가며 잘 섞는다.

8 코크에 필링을 짜고 하얀 참깨 위에 굴린다.

9 24시간 동안 향이 우러나길 기다린다. 이 마카롱은 하루가 지나야 가장 맛있게 먹을 수 있다.

코크

- 달걀흰자 1개(40g) • 설탕 30g
- 아몬드 가루 30g • 슈거파우더 50g • 식용색소 가루 녹색 1/2티스푼

필링

- 판단 잎 1~2장(208~209쪽 용어 참고) • 코코넛밀크 25g • 물 10g • 한천 가루 1/4티스푼
- 다크팜슈거 25g (208~209쪽 용어 참고) • 물 15g • 설탕 15g • 물 8g • 달걀노른자 1개 • 버터 60g (실온 보관, 깍둑썰기)
- 코코넛 플레이크 4테이블스푼

• 첸돌 : 판단젤리와 팜슈거 코코넛크림 •

4cm 마카롱 12개(코크 24개) – 건조 시간 30분, 굽는 시간 12~15분, 필링 준비하는 시간 1시간

조리법

코크

1 20~21쪽 '기본 마카롱 코크 굽기'를 참고한다.
2 150°C에서 12분간 굽는다. 트레이에서 코크를 떼기 전에 충분히 식힌다.

필링

1 바닥이 깊은 용기에 판단 잎과 코코넛밀크, 물을 넣고 스틱믹서기로 갈아 반죽을 만든다. 반죽을 체로 거른 후 냄비에 담고 한천 가루를 넣은 후 계속 저어주며 중불에서 끓인다. 반죽이 끓기 시작하면 바로 타이머를 2분에 맞추고 계속 저어주며 끓인다. 시간이 되면 불을 끄고 곧바로 빈 그릇에 담는다. 실온에서 식힌 뒤 냉장고에 넣는다.
2 작은 냄비에 팜슈거와 물을 넣고 팜슈거시럽을 만든다. 중불에서 5~8분 끓이다가 시럽이 걸쭉해지면 불을 끄고 따로 둔다.
3 냄비에 설탕과 물을 넣고 중불에서 끓이며 시럽을 만든다. 시럽이 114°C가 되면 바로 믹싱 볼에 달걀노른자를 넣고 거품기로 젓기 시작한다.
4 시럽이 118°C가 되면 불을 끄고 노른자를 풀던 그릇 가장자리에 천천히 따른다. 이때 중간 속도로 계속 노른자를 풀어준다. 시럽을 넣은 노른자가 약간 식을 때까지 계속 거품기로 젓는다. 버터를 한 번에 1개씩 넣어가며 잘 섞는다.
5 마지막에 팜슈거시럽과 코코넛 플레이크를 넣고 버터크림에 윤이 날 때까지 잘 섞는다.
6 코크에 팜슈거 코코넛크림을 짠다. 판단젤리를 작게 잘라 크림 위에 올리고 살짝 눌러준 뒤 다른 코크로 덮는다.

코크

- 달걀흰자 1개(40g) • 설탕 30g
- 아몬드 가루 30g • 슈거파우더 50g • 식용색소 가루 적색 1/4티스푼

필링

- 생강 설탕절임(작고 얇게 저미기) • 오렌지 꽃잎수 1/2티스푼 • 바닐라추출물 1~2방울
- 달걀노른자 1개 • 버터 60g (실온 보관, 깍둑썰기) • 설탕 25g • 물 8g • 오렌지 꽃잎수 1테이블스푼

• 블로섬 : 오렌지 꽃잎수와 생강 설탕절임 •

4cm 마카롱 12개(코크 24개) – 건조 시간 30분, 굽는 시간 12~15분, 필링 준비하는 시간 45분

조리법

코크

1 마른 재료와 머랭을 섞어 가볍게 폴딩한 반죽을 1테이블스푼만 다른 그릇에 담고 식용색소 가루 적색을 넣어 잘 섞는다.

2 본래의 흰 반죽은 20~21쪽대로 폴딩한다. 짤주머니에 흰 반죽과 빨간 반죽을 번갈아 담는다.

3 코크를 하트 모양으로 짠다. 먼저 평소대로 짤주머니에 힘을 주고 짜다가 점점 힘을 빼서 끝을 뾰족하게 만들어 하트 절반을 만들고, 반대쪽도 똑같이 짜서 하트 모양을 완성한다.

4 20~21쪽대로 코크를 굽는다.

필링

1 그릇에 오렌지 꽃잎수와 바닐라 추출물을 담고 생강 설탕절임을 넣어 흡수시킨다.

2 냄비에 설탕과 물을 넣고 중불에 끓여 시럽을 만든다. 당과용 온도계로 온도를 체크하며 시럽이 114°C가 되면 바로 믹싱 볼에 달걀노른자를 넣고 거품기로 젓기 시작한다.

3 시럽이 118°C가 되면 불을 끄고 노른자를 풀던 그릇 가장자리에 천천히 따른다. 이때 중간 속도로 계속 노른자를 풀어준다. 시럽을 넣은 노른자가 약간 식을 때까지 계속 거품기로 젓는다.

4 깍둑썬은 버터를 한 번에 1개씩 넣어가며 잘 섞는다.

5 마지막에 오렌지 꽃잎수를 넣고 버터크림이 매끄러워질 때까지 잘 섞는다.

6 코크에 버터크림을 짠다. 필링 위에 생강 설탕절임 조각을 작게 잘라 올리고 살짝 눌러준 뒤 다른 코크로 덮는다.

• 이스파한 : 리치젤리와 로즈화이트초콜릿 •

4cm 마카롱 12개(코크 24개) – 건조 시간 30분, 굽는 시간 12~15분, 필링 준비하는 시간 25분

코크

- 달걀흰자 1개(40g) • 설탕 30g
- 아몬드 가루 30g • 슈거파우더 50g • 식용색소 가루 적색 1/4티스푼

필링

- 통조림 리치 4알 • 장미수 15g • 잘게 부순 화이트초콜릿 50g • 냉동 또는 신선한 라즈베리 6~8개(반으로 자르기)

조리법

코크

1 아몬드 가루와 슈거파우더, 식용색소 가루를 푸드프로세서에 넣고 갈아준다.

2 20~21쪽 '기본 마카롱 코크 굽기'를 참고한다.

3 150°C에서 12분간 굽는다. 트레이에서 코크를 떼기 전에 충분히 식힌다.

필링

1 리치를 잘게 다지고 주스를 남김없이 짜낸 뒤 체에 거른다(주스가 너무 많이 남아 있으면 가나슈가 묽어지기 때문에 코크가 젖어 눅눅해진다).

2 다진 리치를 작은 냄비에 담고 1~2분간 약한 불에 익힌다.

3 장미수를 넣고 살짝 데운 후 불을 끈다.

4 마지막으로 화이트초콜릿을 넣고 천천히 녹이며 잘 섞는다.

5 가나슈는 랩을 밀착시켜 덮고 1~2시간 동안 냉장고에 넣어 살짝 굳힌다.

6 코크에 가나슈를 짜고 반으로 가른 라즈베리를 올린 뒤 다른 코크로 덮는다.

• 얼그레이 : 얼그레이 티와 다크초콜릿 •

4cm 마카롱 12개(코크 24개) – 건조 시간 30분, 굽는 시간 12~15분, 필링 준비하는 시간 25분

코크

• 달걀흰자 1개(40g) • 설탕 30g • 아몬드 가루 30g • 슈거파우더 50g
• 식용색소 가루 보라색 1/2티스푼 • 얼그레이 티백(마카롱에 뿌릴 것)

필링

• 잘게 부순 다크초콜릿 50g • 생크림 100g • 얼그레이 티백

조리법

코크

1 아몬드 가루와 슈거파우더, 식용색소 가루를 푸드프로세서에 넣고 갈아준다.
2 20~21쪽 '기본 마카롱 코크 굽기'를 참고한다.
3 티백을 갈라 내용물을 코크 위에 뿌린다.
4 150°C에서 12분간 굽는다. 트레이에서 코크를 떼기 전에 충분히 식힌다.

필링

1 작은 냄비에 크림을 담고 살짝 데운다.
2 크림이 데워지면 불을 끄고 티백을 넣어 10분간 우린다.
3 시간이 되면 티백을 꺼내고 크림을 다시 데운다.
4 티백을 우린 크림이 충분히 데워지면 불을 끄고 체로 거른다. 크림의 분량은 총 50g이어야 한다.
5 잘게 부순 다크초콜릿에 크림을 붓고 매끄러운 점성이 생길 때까지 젓는다.
6 가나슈를 실온에서 식히다가 냉장고에서 살짝 굳힌 뒤 코크에 짠다.

• 누와코코 : 코코넛 버터크림 •

4cm 마카롱 12개(코크 24개) – 건조 시간 30분, 굽는 시간 12~15분, 필링 준비하는 시간 1시간

코크

• 달걀흰자 1개(40g) • 설탕 30g • 아몬드 가루 30g • 슈거파우더 50g
• 말린 코코넛 플레이크 5g • 식용색소 가루 백색 1/2티스푼 • 마카롱에 뿌릴 코코넛 플레이크

필링

• 설탕 30g • 물 16g • 달걀노른자 1개 • 버터 60g (실온 보관, 깍둑썰기) • 코코넛 플레이크 4테이블스푼

조리법

코크

1 20~21쪽 '기본 마카롱 코크 굽기'를 참고한다.
2 코크를 짜고 그 위에 코코넛 플레이크를 뿌린다.
3 150°C에서 12분간 굽는다. 트레이에서 코크를 떼기 전에 충분히 식힌다.

필링

1 냄비에 설탕과 물을 넣고 중불에서 끓이며 시럽을 만든다. 당과용 온도계로 온도를 체크하며 시럽이 114°C가 되면 바로 믹싱 볼에 달걀노른자를 넣고 거품기로 젓기 시작한다.
2 시럽이 118°C가 되면 불을 끄고 노른자를 풀던 그릇 가장자리에 천천히 따른다. 이때 중간 속도로 계속 노른자를 풀어준다. 시럽을 넣은 노른자가 약간 식을 때까지 계속 거품기로 젓는다.
3 버터를 한 번에 1개씩 넣어가며 잘 섞는다.
4 마지막으로 코코넛 플레이크를 넣고 버터크림이 매끄러워질 때까지 잘 섞는다.
5 코크에 버터크림을 짜고 다른 코크로 덮는다.

발삼식초, 뮈스카와인, 사프란, 라벤더의 재료를 버무려
무한한 가능성의 색깔과 풍미를 가진
보석 같은 마카롱들

PART SIX

Advance

• 아즈텍 : 타바스코, 에스쁠레뜨 칠리와 다크초콜릿 •

4cm 마카롱 12개(코크 24개) – 건조 시간 30분, 굽는 시간 12~15분, 필링 준비하는 시간 25분

{ 참고 : 이 레시피에는 별도의 짤주머니 2개와 3번 깍지, 8번 깍지가 필요 }

코크

• 달걀흰자 1개(40g) • 설탕 30g • 아몬드 가루 30g • 슈거파우더 50g
• 페이스트 식용색소 흑색 1/2티스푼 • 식용색소 가루 적색 1/4티스푼

필링

• 다크초콜릿 50g • 생크림 60g • 바닐라빈 반 개
• 에스쁠레뜨 칠리 플레이크 1/2티스푼(208~209쪽 용어 참고) • 타바스코 소스 2방울

조리법

코크

1 아몬드 가루와 슈거파우더를 푸드프로세서에 넣고 간다.
2 20~21쪽 '기본 마카롱 코크 굽기'를 참고한다.
3 마른 재료와 머랭을 가볍게 섞고 2테이블스푼만 떠 다른 그릇에 담는다. 따로 뗀 반죽에 적색 색소를 넣고 폴딩한 뒤 3번 깍지를 낀 짤주머니에 담는다.
4 본래의 반죽에 흑색 색소를 넣고 폴딩한 뒤 8번 깍지를 낀 짤주머니에 담는다. 흑색 반죽으로 코크를 짜고 적색 반죽을 조금씩 짜서 코크에 선을 그린다.
5 150°C에서 12분간 굽는다. 트레이에서 코크를 떼기 전에 충분히 식힌다.

필링

1 작은 팬에 긁어낸 바닐라빈 씨와 껍질을 볶아 향을 낸다.
2 크림에 볶은 바닐라빈 씨와 껍질, 에스쁠레뜨 칠리 플레이크를 넣고 5분간 두어 향을 우린다.
3 그동안 다크초콜릿을 잘게 부숴 중불에 중탕해서 녹인다.
4 2의 바닐라크림을 중불에 끓인다. 크림이 끓기 시작하면 불을 끄고 초콜릿에 끼얹는다.
5 가나슈를 잘 저어 섞고 타바스코 소스 2방울을 넣은 뒤 작은 사기그릇에 옮겨 담는다.
6 실온에 식혔다가 랩을 밀착시켜 덮고 1~2시간 동안 냉장 보관한다.

• 발사미코 : 발삼식초와 화이트초콜릿 •

4cm 마카롱 12개(코크 24개) – 건조 시간 30분, 굽는 시간 12~15분, 필링 준비하는 시간 30분

코크

• 달걀흰자 1개(40g) • 설탕 30g
• 아몬드 가루 30g • 슈거파우더 50g • 식용색소 가루 적색 1/4티스푼

필링

• 생크림 30g • 화이트초콜릿 60g • 발삼식초 15g • 아몬드 가루 24g

조리법

1 20~21쪽 '기본 마카롱 코크 굽기'를 참고한다.
2 코크를 네모꼴로 짠다.
3 150°C에서 12분간 굽는다. 트레이에서 코크를 떼기 전에 충분히 식힌다.

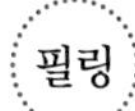

1 화이트초콜릿을 잘게 부숴 믹싱 볼에 담는다.
2 작은 냄비에 크림을 넣고 끓인다.
3 따뜻한 크림을 초콜릿에 끼얹고 발삼식초를 넣는다.
4 질감이 매끄러워질 때까지 핸드 믹서로 젓는다.
5 가나슈를 작은 오븐용기에 옮겨 담고 랩을 밀착시켜 덮는다. 가나슈가 살짝 굳을 때까지 1시간 동안 냉장 보관한다.
6 팬에 아몬드 가루를 넣고 중불에 볶아 고소한 향과 황금빛 색깔을 낸다.
7 코크에 가나슈를 짜고 아몬드 가루에 굴린다. 냉장고에 넣기 전 폭이 좁은 통에 담는다.
8 마카롱의 맛을 제대로 즐기려면 먹기 1시간 전쯤 냉장고에서 꺼낸다.

• 멍트플뢰르드셀 : 민트 다크초콜릿과 플뢰르드셀 •

4cm 마카롱 12개(코크 24개) – 건조 시간 30분, 굽는 시간 12~15분, 필링 준비하는 시간 30분

코크

- 달걀흰자 1개(40g) • 설탕 30g
- 아몬드 가루 30g • 슈거파우더 50g • 식용색소 가루 녹색 1/2티스푼

필링

- 생크림 50g • 잘게 부순 다크초콜릿 50g • 민트 추출물 1방울 • 플뢰르드셀 약간

조리법

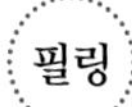

코크

1 20~21쪽 '기본 마카롱 코크 굽기'를 참고한다.
2 150°C에서 12분간 굽는다. 트레이에서 코크를 떼기 전에 충분히 식힌다.

필링

1 초콜릿을 내열그릇에 담고 중탕해서 녹인다.
2 작은 냄비에 크림을 담고 끓인다.
3 따뜻한 크림을 초콜릿에 끼얹고 잘 섞은 뒤 프랑스산 천일염 플뢰르드셀 약간(엄지와 검지로 꼬집은 정도)과 민트향을 넣는다.
4 가나슈를 작은 오븐용기에 옮겨 담고 랩을 밀착시켜 덮는다. 가나슈가 살짝 굳을 때까지 1~2시간 동안 냉장 보관한다.

• 블뢰에 : 뮈스까와인 버터크림 •

4cm 마카롱 12개(코크 24개) – 건조 시간 30분, 굽는 시간 12~15분, 필링 준비하는 시간 45분

코크

- 달걀흰자 1개(40g) • 설탕 30g • 아몬드 가루 30g • 슈거파우더 50g
- 식용색소 가루 청색 1/4티스푼 • 말린 수레국화 꽃잎(208~209쪽 용어 참고)

필링

- 달걀노른자 1개 • 버터 60g (실온 보관, 깍둑썰기) • 설탕 25g • 물 8g • 뮈스까와인 20g (208~209쪽 용어 참고)

조리법

1. 20~21쪽 '기본 마카롱 코크 굽기'를 참고한다.
2. 코크를 짜고 그 위에 수레국화 꽃잎을 약간 뿌린다.
3. 150°C에서 12분간 굽는다. 트레이에서 코크를 떼기 전에 충분히 식힌다.

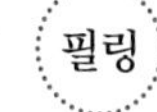

1. 작은 냄비에 설탕과 물을 넣고 중불에 데운다.
2. 당과용 온도계로 온도를 체크하다가 시럽이 114°C가 되면 믹싱 볼에 달걀노른자를 넣고 거품기로 젓기 시작한다.
3. 시럽이 118°C가 되면 불을 끄고 노른자를 풀던 그릇 가장자리에 천천히 따른다. 이때 중간 속도로 계속 노른자를 풀어준다.
4. 시럽을 넣은 노른자가 약간 식을 때까지 계속 거품기로 젓는다.
5. 버터를 한 번에 1개씩 넣어가며 잘 섞는다.
6. 버터가 완전히 녹으면 뮈스까와인을 넣고 질감이 매끄러워질 때까지 거품기로 젓는다.
7. 코크에 버터크림을 짜고 냉장고에 넣는다.

Advance

• 올리브누아 : 블랙올리브와 다크초콜릿 •

4cm 마카롱 12개(코크 24개) – 건조 시간 30분, 굽는 시간 12~15분, 필링 준비하는 시간 20분

코크

• 달걀흰자 1개(40g) • 설탕 30g • 아몬드 가루 30g • 슈거파우더 50g
• 식용색소 가루 황색 1/4티스푼 • 식용색소 가루 적색 1/4티스푼

필링

• 잘게 부순 다크초콜릿 50g • 생크림 40g • 엑스트라버진 올리브오일 10g • 블랙올리브

조리법

코크

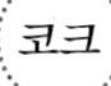

1 아몬드 가루와 슈거파우더를 푸드프로세서에 넣고 간다.
2 마른 재료와 머랭을 섞어 가볍게 폴딩한 뒤 1테이블스푼만 떠서 다른 그릇에 담는다. 따로 뗀 반죽에 적색 색소를 넣고 매끄럽고 윤이 날 때까지 섞는다.
3 본래의 반죽에 황색 색소를 넣고 폴딩한다.
4 반죽을 짠다. 적색 반죽을 젓가락으로 찍어 코크에 하트를 그린다.
5 150°C에서 12분간 굽는다. 트레이에서 코크를 떼기 전에 충분히 식힌다.

필링

1 씨 없는 블랙올리브를 다진다.
2 초콜릿을 내열그릇에 담고 중탕해서 녹인다.
3 냄비에 크림을 넣고 중불에 데운다.
4 초콜릿에 크림을 3번에 나눠 넣고 잘 섞는다.
5 올리브오일을 넣고 거품기로 저으면서 잘 섞는다.
6 가나슈를 작은 그릇에 옮겨 담고 실온에서 식힌 뒤 랩을 밀착시켜 덮고 살짝 굳을 때까지 1~2시간 동안 냉장 보관한다.
7 코크에 가나슈를 짠다. 가나슈에 블랙올리브 1조각을 올리고 다른 코크로 덮는다.
8 마카롱을 만들면서 즐거운 시간을 보낸다.

Advance

• 사프란 : 사프란크림과 화이트초콜릿 •

4cm 마카롱 12개(코크 24개) – 건조 시간 30분, 굽는 시간 12~15분, 필링 준비하는 시간 45분

코크

• 달걀흰자 1개(40g) • 설탕 30g
• 아몬드 가루 30g • 슈거파우더 50g • 식용색소 가루 황색 1/4티스푼 • 식용색소 가루 주황색

필링

• 사프란 1/4티스푼 • 잘게 부순 화이트초콜릿 50g • 생크림 30g

조리법

1 20~21쪽 '기본 마카롱 코크 굽기'를 참고한다.
2 150°C에서 12분간 굽는다. 트레이에서 코크를 떼기 전에 충분히 식힌다.
3 물기 있는 작은 붓에 주황색 색소를 묻혀 코크에 칠한다.

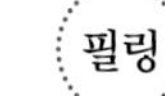

1 크림을 살짝 데우고 사프란을 넣어 10분간 우린다.
2 초콜릿을 중탕해서 녹인다.
3 사프란크림을 체에 거른 뒤 중불에 다시 데운다.
4 데운 크림을 3번에 걸쳐 초콜릿에 넣는다. 한 번 넣을 때마다 잘 섞어준다.
5 가나슈를 작은 그릇에 옮겨 담고 랩으로 밀착시켜 덮고 살짝 굳을 때까지 1~2시간 동안 냉장 보관한다.

• 누아제트 : 헤이즐넛크림과 화이트초콜릿 •

4cm 마카롱 12개(코크 24개) – 건조 시간 30분, 굽는 시간 12~15분, 필링 준비하는 시간 45분

코크

• 달걀흰자 1개(40g) • 설탕 30g • 아몬드 가루 10g • 슈거파우더 50g
• 헤이즐넛 20g • 설탕을 넣지 않은 코코아 가루 1/2티스푼 • 으깬 헤이즐넛

필링

• 곱게 간 헤이즐넛가루 20g • 잘게 부순 화이트초콜릿 40g • 생크림 40g

조리법

코크

1 아몬드 가루와 헤이즐넛, 슈거파우더, 코코아 가루를 푸드프로세서에 넣고 간다.
2 20~21쪽 '기본 마카롱 코크 굽기'를 참고한다.
3 코크를 짜고 그 위에 으깬 헤이즐넛을 약간 뿌린다.
4 150°C에서 12분간 굽는다. 트레이에서 코크를 떼기 전에 충분히 식힌다.

필링

1 초콜릿을 내열그릇에 담고 중탕해서 녹인다. 초콜릿이 녹으면 불을 끈다.
2 냄비에 크림과 헤이즐넛 가루를 넣고 계속 저어주면서 중불에 데운다.
3 데운 크림을 3번에 걸쳐 초콜릿에 넣고 거품기로 잘 섞는다. 가나슈를 작은 그릇에 담고 랩으로 밀착시켜 덮은 후 실온에서 식혔다가 냉장 보관한다.

Advance

• 레글리스 : 감초 마스카포네 •

4cm 마카롱 12개(코크 24개) – 건조 시간 30분, 굽는 시간 12~15분, 필링 준비하는 시간 45분

코크

• 달걀흰자 1개(40g) • 설탕 30g • 아몬드 가루 30g • 슈거파우더 50g
• 식용색소 가루 흑색 1/2티스푼 • 식용색소 가루 메탈릭 백색 1/4티스푼

필링

• 달걀노른자 1개 • 설탕 15g • 마스카포네 치즈 125g • 쫄깃쫄깃한 감초 캔디 2개(50g)

조리법

코크

1 20~21쪽 '기본 마카롱 코크 굽기'를 참고한다.
2 코크를 짜고 그 위에 메탈릭 백색 색소를 뿌린다.
3 150°C에서 12분간 굽는다. 트레이에서 코크를 떼기 전에 충분히 식힌다.

필링

1 감초 캔디를 작게 썬다.
2 작은 그릇에 달걀노른자와 설탕을 넣고 거품기로 젓는다.
3 여기에 준비한 마스카포네 치즈를 반만 넣고 거품기로 저어 잘 섞는다. 다시 나머지 반을 넣고 질감이 매끄러워질 때까지 거품을 친다.
4 감초 캔디를 넣고 가볍게 섞는다. 2시간 동안 냉장고에 넣어 살짝 굳혔다가 코크에 짠다.

• 할레퀸 : 할레퀸 사우어캔디와 화이트초콜릿 •

4cm 마카롱 24개(코크 48개) – 건조 시간 30분, 굽는 시간 12~15분, 필링 준비하는 시간 30분

코크

- 달걀흰자 2개(80g) • 설탕 60g • 아몬드 가루 60g • 슈거파우더 100g
- 식용색소 가루 황색 1/2티스푼 • 식용색소 가루 녹색 1/2티스푼 • 식용색소 가루 적색 1/2티스푼

필링

- 사우어캔디 5개 • 물 1테이블스푼 • 잘게 부순 제빵용 화이트초콜릿 50g • 생크림 40g

조리법

코크

1 22~23쪽 '마블 마카롱 코크 굽기'를 참고한다.
2 150°C에서 12분간 굽는다. 트레이에서 코크를 떼기 전에 충분히 식힌다.

필링

1 사탕을 절구에 빻는다.
2 작은 냄비에 사탕과 물을 넣고 녹인다. 타지 않도록 주의한다.
3 사탕이 녹으면 크림을 넣고 데운다.
4 데운 크림을 화이트초콜릿에 끼얹는다. 초콜릿이 완전히 녹고 질감이 매끄러워질 때까지 잘 섞는다.
5 실온에 식혔다가 1~2시간 동안 냉장 보관한다. 그동안 이따금씩 상태를 확인한다. 가나슈는 부드럽되 묽지 않아야 한다.
6 코크에 가나슈를 짠다. 마카롱은 만든 지 하루가 지나야 가장 맛있다.

• 미엘 : 벌꿀 마스카포네크림 •

4cm 마카롱 · 2cm 마카롱 각 6개(코크 각 12개) – 건조 시간 30분, 굽는 시간 12~15분, 필링 준비하는 시간 45분

코크

• 달걀흰자 1개(40g) • 설탕 30g
• 아몬드 가루 30g • 슈거파우더 50g • 장식용 캔디볼

필링

• 달걀노른자 1개 • 꿀 30g • 마스카포네 치즈 125g

조리법

코크

1 20~21쪽 '기본 마카롱 코크 굽기'를 참고한다.
2 4cm 코크를 12개, 2cm 코크를 12개 짠다.
3 코크를 굽고 벌꿀 마스카포네크림으로 채운다.
4 4cm 마카롱의 코크 윗면에 크림을 콩알만큼 짜고 그 위에 2cm 마카롱을 붙인다. 2cm 마카롱 코크 윗면에도 똑같이 해서 장식용 캔디볼을 붙인다.
5 150°C에서 12분간 굽는다. 트레이에서 코크를 떼기 전에 충분히 식힌다.

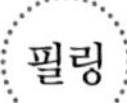

필링

1 믹싱 볼에 달걀노른자와 꿀을 넣고 색이 연해질 때까지 거품기로 젓는다.
2 여기에 마스카포네 치즈를 반만 넣고 거품기로 저어 잘 섞는다. 다시 나머지 반을 넣고 질감이 매끄러워질 때까지 거품을 친다.
3 2시간 동안 냉장 보관했다가 코크에 짠다.

Just
Married
Advance

• 라방드 : 라벤더 버터크림 •

4cm 마카롱 12개(코크 24개) – 건조 시간 30분, 굽는 시간 12~15분, 필링 준비하는 시간 1시간

코크

• 달걀흰자 1개(40g) • 설탕 30g • 아몬드 가루 30g • 슈거파우더 50g
• 식용색소 가루 보라색 1/2티스푼 • 라벤더 봉오리 1/2티스푼 • 라벤더 꽃봉오리(마카롱에 뿌릴 것)

필링

• 달걀노른자 1개 • 버터 60g (실온 보관, 깍둑썰기) • 설탕 25g • 물 8g

조리법

코크

1 20~21쪽 '기본 마카롱 코크 굽기'를 참고한다.
2 코크를 짜고 그 위에 라벤더 꽃봉오리를 2~3개 뿌린 뒤 오븐에 넣어 굽는다(라벤더 향이 강하니 너무 많이 뿌리지 않도록 한다).
3 150°C에서 12분간 굽는다. 트레이에서 코크를 떼기 전에 충분히 식힌다.

필링

1 작은 냄비에 설탕과 물을 넣고 중불에 끓여 시럽을 만든다.
2 당과용 온도계로 온도를 체크하다가 시럽이 114°C가 되면 믹싱 볼에 달걀노른자를 넣고 거품기로 젓기 시작한다.
3 시럽이 118°C가 되면 불을 끄고 노른자를 풀던 그릇 가장자리에 천천히 따른다. 이때 시럽이 튀지 않도록 노른자를 거품기로 천천히 저으면서 따른다.
4 시럽을 넣은 노른자가 약간 식을 때까지 계속 거품기로 젓는다. 버터를 한 번에 1개씩 넣어가며 잘 섞는다.
5 버터가 완전히 녹으면 10분간 냉장 보관했다가 짤주머니에 담아 코크에 짠다.

• 스페큘루스 : 시나몬쿠키 스프레드 •

4cm 마카롱 12개(코크 24개) – 건조 시간 30분, 굽는 시간 12~15분, 필링 준비하는 시간 1시간

코크

- 달걀흰자 1개(40g) • 설탕 30g • 아몬드 가루 30g • 슈거파우더 50g
- 설탕을 넣지 않은 코코아 가루 5g • 으깬 시나몬쿠키

필링

- 으깨서 블렌더에 간 시나몬쿠키 50g • 꿀 20g (또는 알로에베라시럽) • 설탕 10g • 두유 30g
- 잘게 부순 화이트초콜릿 30g

조리법

코크

1 아몬드 가루와 슈거파우더, 코코아 가루를 푸드 프로세서에 넣고 간다. 체로 한 번 거른 후 따로 둔다.

2 20~21쪽 '기본 마카롱 코크 굽기'를 참고한다.

3 코크를 짜고 그 위에 시나몬쿠키를 으깬 부스러기를 약간 뿌린 뒤 오븐에 넣는다.

4 150°C에서 12분간 굽는다. 트레이에서 코크를 떼기 전에 충분히 식힌다.

필링

1 작은 냄비에 두유와 설탕, 꿀을 넣고 데우되 끓어오르기 전에 불을 끈다.

2 믹싱 볼에 시나몬쿠키 부스러기와 초콜릿을 담고 섞는다.

3 데운 두유는 3번에 걸쳐 초콜릿에 섞는다. 한 번 넣을 때마다 잘 섞고 질감이 매끄러워질 때까지 잘 저어준다.

4 반죽은 따뜻할 때는 약간 흐르는 듯 묽어도 차갑게 식으면 살짝 굳는다.

5 잼 단지에 필링을 담고 뚜껑을 덮은 채 식힌다. 필링이 다 식으면 다음 날까지 냉장 보관한다.

• 비올레트 : 캔디드 바이올렛과 다크초콜릿 •

4cm 마카롱 12개(코크 24개) – 건조 시간 30분, 굽는 시간 12~15분, 필링 준비하는 시간 1시간

코크

• 달걀흰자 1개(40g) • 설탕 30g • 아몬드 가루 30g • 슈거파우더 50g
• 식용색소 가루 바이올렛 1/4티스푼 • 설탕 입힌 제비꽃잎 잘게 부순 것

필링

• 생크림 50g • 잘게 부순 제빵용 다크초콜릿 50g
• 잘게 부순 제비꽃잎 1/2티스푼 • 제비꽃시럽 1티스푼

조리법

코크

1 22~23쪽 '마블 마카롱 코크 굽기'를 참고한다.
2 코크를 짜고 그 위에 설탕 입힌 제비꽃잎을 잘게 부숴 뿌린다.
3 150°C에서 12분간 굽는다. 트레이에서 코크를 떼기 전에 충분히 식힌다.

필링

1 크림을 중불에 데운다.
2 그동안 초콜릿을 내열그릇에 담고 중탕해서 녹인다.
3 데운 크림을 초콜릿에 끼얹어 잘 섞는다.
4 가나슈에 잘게 부순 제비꽃잎과 제비꽃시럽을 넣는다. 잘 섞고 1시간 동안 냉장 보관한다. 가나슈는 부드러워야 한다.
5 코크에 가나슈를 짠다.

Advance

• 코클리코 : 양귀비와 화이트초콜릿 •

4cm 마카롱 12개(코크 24개) – 건조 시간 30분, 굽는 시간 12~15분, 필링 준비하는 시간 1시간

코크

• 달걀흰자 1개(40g) • 설탕 30g • 아몬드 가루 30g • 슈거파우더 50g
• 식용색소 가루 백색 1/2티스푼 • 식용색소 가루 적색 1/2티스푼 • 식용색소 가루 흑색 1/4티스푼

필링

• 생크림 20g • 잘게 부순 제빵용 다크초콜릿 50g • 양귀비 향 2방울

조리법

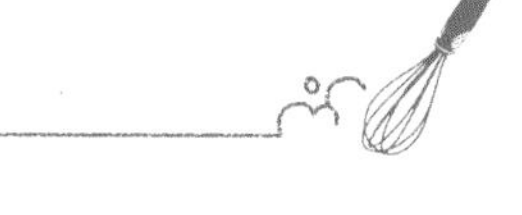

1 20~21쪽 '기본 마카롱 코크 굽기'를 참고한다.
2 반죽을 2테이블스푼 떠 다른 그릇에 담고 적색 색소를 넣어 잘 섞는다. 다시 본래의 반죽을 1티스푼 떠 다른 그릇에 담고 흑색 색소를 넣어 잘 섞는다.
3 코크를 짜고 적색 반죽을 젓가락으로 찍어 코크에 꽃을 그린다. 다른 코크도 똑같이 꾸민다.
4 흑색 반죽을 이쑤시개로 찍어 꽃 중앙에 점을 찍는다.
5 150°C에서 12분간 굽는다. 트레이에서 코크를 떼기 전에 충분히 식힌다.

1 크림을 중불에 데운다.
2 그동안 초콜릿을 내열그릇에 담고 중탕해서 녹인다.
3 데운 크림을 초콜릿에 끼얹고 잘 섞는다.
4 가나슈에 양귀비 향을 넣고 잘 섞는다. 완성된 가나슈는 1~2시간 동안 냉장 보관한다.
5 코크에 가나슈를 짠다.

• 리코리스 쇼크 : 감초 캔디와 화이트초콜릿 •

4cm 마카롱 12개(코크 24개) – 건조 시간 30분, 굽는 시간 12~15분, 필링 준비하는 시간 1시간

코크

• 달걀흰자 1개(40g) • 설탕 30g • 아몬드 가루 30g • 슈거파우더 50g
• 식용색소 가루 흑색 1/4티스푼 + 보라색 1/4티스푼 • 식용색소 가루 메탈릭 금색 1/4티스푼

필링

• 생크림 25g • 화이트초콜릿 다진 것 50g • 단단한 감초 캔디 4개(절구에 빻기)
• 매우 차가운 생크림 75g (10분간 냉동 보관)

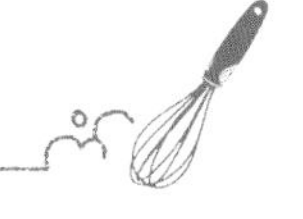

조리법

1 20~21쪽 '기본 마카롱 코크 굽기'를 참고한다.
2 코크를 굽고 물기 있는 붓에 메탈릭 금색 색소를 묻힌다.
3 붓으로 코크 중앙에 가볍게 칠한다.
4 150°C에서 12분간 굽는다. 트레이에서 코크를 떼기 전에 충분히 식힌다.

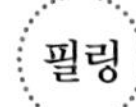

1 초콜릿을 내열그릇에 담고 중탕해서 녹인다.
2 다른 냄비에 크림과 감초 캔디를 넣고 끓인다. 데운 크림은 3번에 걸쳐 초콜릿에 넣는다.
3 가나슈를 잘 섞고 미지근해질 때까지 실온에서 식힌다.
4 가나슈에 매우 차가운 크림을 넣고 폭신한 거품이 올라올 때까지 핸드 믹서로 젓는다.
5 가나슈가 살짝 굳을 때까지 1~2시간 동안 냉장 보관한다.

블루치즈와 스위트와인, 프랑스 치즈와 벌꿀, 훈제연어 등으로 만드는
고급스러운 풍미가 있는
새로운 차원의 특별한 마카롱들

PART SEVEN

Special

코크

- 달걀흰자 1개(40g) • 설탕 30g • 아몬드 가루 30g • 슈거파우더 50g
- 액상식용색소 청색 2~3방울(또는 식용색소 가루 청색 1/4티스푼에 물 2~3방울 섞기)

필링

- 생크림 50g • 블루치즈 20g • 스위트와인 125㎖(뮈스까와인 또는 포트와인, 208~209쪽 용어 참고)
- 한천 가루 1/4티스푼

• 블루 : 블루치즈와 스위트와인 •

4cm 마카롱 12개(코크 24개) – 건조 시간 30분, 굽는 시간 12~15분, 필링 준비하는 시간 30분

조리법

코크

1 아몬드 가루와 슈거파우더를 푸드프로세서에 넣고 간다.
2 20~21쪽 '기본 마카롱 코크 굽기'를 참고하여 반죽을 폴딩한다.
3 코크를 물방울 모양으로 짠다. 반죽을 짜다가 끝으로 갈수록 짤주머니를 누르는 힘을 빼서 끝을 뾰족하게 뺀다.
4 작은 붓에 색소를 묻혀 코크에 칠한다.
5 150°C에서 12분간 굽는다. 트레이에서 코크를 떼기 전에 충분히 식힌다.

필링

1 작은 냄비에 와인과 한천 가루를 넣고 끓여 젤리를 만든다. 거품이 오르면 계속 저어주면서 2분간 끓인다.
2 젤리를 납작한 접시에 담고 실온에서 식혔다가 냉장고에 넣는다.
3 작은 그릇에 치즈를 담고 으깬다. 거기에 크림을 넣고 덩어리 없이 잘 섞일 때까지 계속 으깬다.
4 크림치즈를 2분간 냉동실에 넣는다.
5 시간이 되면 크림치즈를 꺼내 휘핑크림 같은 질감이 생길 때까지 거품기로 젓는다.
6 와인젤리를 작게 깍둑썰기한다.
7 코크에 크림치즈를 짜고 그 위에 와인젤리를 올린다. 젤리 위에 크림치즈를 콩알만큼 짜고 다른 코크로 덮는다. 완성된 마카롱은 냉장 보관한다.
8 블루 마카롱은 너무 오래 두면 코크가 필링을 흡수하므로 만든 지 4~6시간 안에 먹는 것이 좋다.

• 쏘프렌치 : 묑스테르 프랑스 치즈와 벌꿀 •

4cm 마카롱 12개(코크 24개) – 건조 시간 30분, 굽는 시간 12~15분, 필링 준비하는 시간 30분

코크

• 달걀흰자 1개(40g) • 설탕 30g
• 아몬드 가루 30g • 슈거파우더 50g • 식용색소 가루 주황색 1/2티스푼

필링

• 생크림 50g • 묑스테르 프랑스 치즈 30g (208~209쪽 용어 참고) • 꿀(벌꿀 또는 유칼립투스꿀)

조리법

코크

1 아몬드 가루와 슈거파우더, 식용색소 가루를 푸드프로세서에 넣고 간다.
2 20~21쪽 '기본 마카롱 코크 굽기'를 참고한다.
3 150°C에서 12분간 굽는다. 트레이에서 코크를 떼기 전에 충분히 식힌다.

필링

1 작은 그릇에 치즈를 담고 으깬다.
2 거기에 크림을 넣고 덩어리 없이 잘 섞일 때까지 계속 으깬다.
3 크림치즈를 2분간 냉동실에 넣는다.
4 시간이 되면 크림치즈를 꺼내 휘핑크림 같은 질감이 생길 때까지 거품기로 젓는다.
5 코크에 크림치즈를 짜고 꿀을 1방울 떨어뜨린 뒤 다른 코크로 덮는다.
6 완성된 마카롱은 냉장 보관한다.
7 쏘프렌치 마카롱은 너무 오래 두면 코크가 필링을 흡수하므로 만든 지 4~6시간 안에 먹는 것이 좋다.

• 스모키 : 휘핑크림과 훈제연어 •

4cm 마카롱 12개(코크 24개) – 건조 시간 30분, 굽는 시간 12~15분, 필링 준비하는 시간 30분

코크

• 달걀흰자 1개(40g) • 설탕 30g
• 아몬드 가루 30g • 슈거파우더 50g • 식용색소 가루 적색 1/2티스푼 • 식용색소 가루 메탈릭 금색

필링

• 생크림 50g • 훈제연어 2장(긴 직사각형으로 썰기)

조리법

코크

1 아몬드 가루와 슈거파우더, 식용색소 가루를 푸드프로세서에 넣고 간다.
2 20~21쪽 '기본 마카롱 코크 굽기'를 참고한다.
3 150°C에서 12분간 굽는다. 트레이에서 코크를 떼기 전에 충분히 식힌다.
4 물기 있는 붓에 메탈릭 금색 색소를 묻혀 코크에 칠한다.

필링

1 크림은 냉장고에 넣어 항상 차갑게 보관한다.
2 휘핑용 볼과 날도 1시간 동안 냉동실에 넣어둔다.
3 냉동실에서 휘핑용 볼을 꺼내 차가운 크림을 담는다. 바로 휘핑을 해서 푹신한 휘핑크림을 만든다.
4 코크에 휘핑크림을 올리고 그 위에 훈제연어를 1조각 올린 뒤 다른 코크로 덮는다.
5 완성된 마카롱은 밀폐 용기에 넣어 냉장 보관한다.
6 스모키 마카롱은 너무 오래 두면 코크가 필링을 흡수하므로 만든 지 4~6시간 안에 먹는 것이 좋다.

• 인디아 : 가람마살라 스파이스 참치 •

4cm 마카롱 12개(코크 24개) – 건조 시간 30분, 굽는 시간 12~15분, 필링 준비하는 시간 30분

코크

• 달걀흰자 1개(40g) • 설탕 30g • 아몬드 가루 40g • 슈거파우더 40g
• 식용색소 가루 주황색 1/2티스푼 • 터메릭(강황) 1/4티스푼 • 소금 약간 • 겨자씨

필링

• 통조림참치 60g • 올리브오일 14g • 코코넛크림 2테이블스푼 • 터메릭 1/4티스푼
• 생강 가루 1/4티스푼 • 가람마살라 1/4티스푼(208~209쪽 용어 참고) • 소금과 후추

조리법

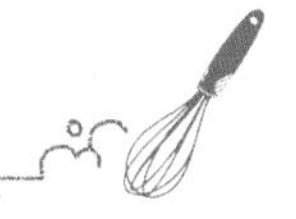

코크

1 아몬드 가루와 슈거파우더, 식용색소 가루, 소금, 터메릭을 푸드프로세서에 넣고 간다.
2 20~21쪽 '기본 마카롱 코크 굽기'를 참고한다.
3 코크를 짜고 그 위에 겨자씨를 약간 뿌린다.
4 150°C에서 12분간 굽는다. 트레이에서 코크를 떼기 전에 충분히 식힌다.

필링

1 참치는 국물을 따라내고 체에 눌러 국물을 완전히 제거한다.
2 참치를 포크로 가볍게 으깬 뒤 다른 재료와 함께 블렌더에 넣고 간다.
3 재료의 질감이 매끄러워질 때까지 잘 섞는다.
4 코크가 필링의 수분을 흡수해서 눅눅해지지 않게 하기 위해 먹기 1~2시간 전에 코크에 필링을 짠다.

• 샤테렐 : 샤테렐버섯과 피칸 •

4cm 마카롱 12개(코크 24개) – 건조 시간 30분, 굽는 시간 12~15분, 필링 준비하는 시간 25분

코크

• 달걀흰자 1개(40g) • 설탕 30g • 아몬드 가루 10g • 슈거파우더 50g
• 피칸 20g • 설탕을 넣지 않은 코코아 가루 1/4티스푼 • 소금 약간 • 피칸 가루

필링

• 빵부스러기 30g • 물 20g • 양파 10g • 올리브오일 14g • 샤테렐버섯 100g • 소금과 후추

조리법

코크

1 아몬드 가루와 피칸, 코코아 가루, 슈거파우더를 푸드프로세서에 넣고 간다.
2 20~21쪽 '기본 마카롱 코크 굽기'를 참고한다.
3 코크를 짜고 그 위에 피칸 가루를 약간 뿌린다.

필링

1 물이 담긴 그릇에 빵부스러기를 넣어 흠뻑 적신다.
2 양파를 잘게 다지고 버섯은 깨끗하게 씻는다.
3 팬에 올리브오일을 두르고 중불로 가열한다.
4 버섯을 넣고 소금과 후추로 간한다. 버섯을 저어 주며 5분간 익힌다. 시간이 되면 불을 끄고 실온에서 식힌다.
5 볶은 버섯과 부드러워진 빵부스러기를 갈아 매끄러운 버섯페이스트를 만든다.
6 코크에 페이스트를 짠다. 샤테렐 마카롱은 너무 오래 두면 코크가 필링의 수분을 흡수해 식감이 사라지므로, 만든 지 6~8시간 안에 먹는 것이 가장 좋다.

Special

• 똠얌 : 똠얌두부와 코코넛밀크 •

4cm 마카롱 12개(코크 24개) – 건조 시간 30분, 굽는 시간 12~15분, 필링 준비하는 시간 30분

코크

- 달걀흰자 1개(40g) • 설탕 30g • 아몬드 가루 40g • 슈거파우더 40g
- 식용색소 가루 적색 1/2티스푼 • 식용색소 가루 메탈릭 적색 • 소금 약간

필링

- 단단한 유기농 두부 60g • 코코넛밀크 2테이블스푼 • 똠얌 페이스트 2티스푼(208~209쪽 용어 참고)
- 고수 잎 2~3가지 • 라임주스 1티스푼 • 소금

조리법

코크

1 아몬드 가루와 슈거파우더, 식용색소 가루, 소금을 푸드프로세서에 넣고 간다.

2 20~21쪽 '기본 마카롱 코크 굽기'를 참고한다.

3 작은 그릇에 메탈릭 적색 가루를 넣고 젖은 붓으로 녹인다. 구운 코크를 붓으로 가볍게 색칠한다.

필링

1 두부는 물을 따라내고 페이퍼타월로 두드려 물기를 뺀다. 포크로 가볍게 으깬 뒤 체에 누르고 걸러 물기를 완전히 제거한다.

2 두부를 다른 재료와 함께 블렌더에 넣고 간다.

3 매끄럽고 크리미한 두부페이스트가 완성될 때까지 잘 섞는다.

4 코크가 필링의 수분을 흡수해서 눅눅해지지 않게 하기 위해 먹기 1~2시간 전에 코크에 필링을 짠다.

• 월드시리즈 : 과카몰리크림과 타바스코 •

4cm 마카롱 12개(코크 24개) – 건조 시간 30분, 굽는 시간 12~15분, 필링 준비하는 시간 30분

코크

- 달걀흰자 1개(40g) • 설탕 30g • 아몬드 가루 30g • 슈거파우더 50g
- 식용색소 가루 백색 1/2티스푼 • 식용색소 가루 적색 1/4티스푼

필링

- 껍질과 씨를 제거한 아보카도 100g • 라임주스 1티스푼 • 사우어크림 10g
- 타바스코소스 약간 • 소금과 후추

조리법

코크

1 20~21쪽 '기본 마카롱 코크 굽기'를 참고한다.
2 반죽을 2테이블스푼만 떠 다른 그릇에 담고 적색 색소를 넣어 잘 섞는다.
3 본래 반죽으로 코크를 짜고 적색 반죽을 이쑤시개로 찍어 야구공 실밥 무늬를 그린다.
4 150°C에서 12분간 굽는다. 트레이에서 코크를 떼기 전에 충분히 식힌다.

필링

1 아보카도를 잘게 다지고 다른 재료와 함께 블렌더에 넣고 매끄러워질 때까지 간다.
2 코크가 눅눅해지지 않도록 마카롱 먹기 2시간 전에 필링을 짠다.

• 노리 : 김, 캐슈와 참깨 •

4cm 마카롱 12개(코크 24개) – 건조 시간 30분, 굽는 시간 12~15분, 필링 준비하는 시간 30분

코크

• 달걀흰자 1개(40g) • 설탕 30g
• 아몬드 가루 20g • 슈거파우더 50g • 하얀 참깨 10g • 소금 약간

필링

• 캐슈너트 60g • 라이스밀크 또는 두유 30g • 하얀 참깨 10g • 잘게 찢은 김 • 소금

조리법

코크

1 아몬드 가루와 참깨, 슈거파우더, 소금을 푸드프로세서에 넣고 간다.
2 20~21쪽 '기본 마카롱 코크 굽기'를 참고한다.
3 150°C에서 12분간 굽는다. 트레이에서 코크를 떼기 전에 충분히 식힌다.

필링

1 재료를 모두 블렌더에 넣고 갈아 페이스트를 만든다.
2 코크에 캐슈페이스트를 짜고 그 위에 김 조각을 1장 올린 뒤 다른 코크로 덮는다.
3 코크가 눅눅해지지 않도록 마카롱 먹기 1~2시간 전에 필링을 짠다.

Special

• 로케트 : 루꼴라와 염소치즈크림 •

4cm 마카롱 12개(코크 24개) – 건조 시간 30분, 굽는 시간 12~15분, 필링 준비하는 시간 30분

코크

• 달걀흰자 1개(40g) • 설탕 30g • 아몬드 가루 20g • 슈거파우더 50g
• 식용색소 가루 녹색 1/2티스푼 • 아마 씨(마카롱에 뿌릴 것)

필링

• 루꼴라 75g • 헤이즐넛 가루 40g • 염소치즈 25g • 올리브오일 14g • 헤이즐넛오일 14g • 소금과 후추

조리법

코크

1 20~21쪽 '기본 마카롱 코크 굽기'를 참고한다.
2 코크를 짜고 그 위에 아마 씨를 약간 뿌린다.
3 150°C에서 12분간 굽는다. 트레이에서 코크를 떼기 전에 충분히 식힌다.

필링

1 재료를 모두 블렌더에 넣고 갈아 크리미한 페이스트를 만든다.
2 코크가 눅눅해지지 않도록 마카롱 먹기 1~2시간 전에 필링을 짠다.

용어

히비스커스 꽃

말린 히비스커스는 먹을 수 있어서 전 세계적으로 색이 고운 차로 우려마시죠. 설탕 옷을 입히면 가니쉬(garnish, 요리에 곁들이는 것, 고명으로도 쓰인다)로도 쓰기 좋아요. 건강식품점에서 구할 수 있어요.

말차 녹차 가루

말차는 '곱게 간 녹차'라는 뜻이에요. 일본의 다도에 사용되는 것 외에도 요리에 향이나 색을 더할 때 말차를 써요. 건강식품점에서 구할 수 있어요.

말린 국화

아시아 일부 지역에서는 노란 국화나 하얀 국화를 말린 후 끓여서 달콤한 음료수를 만들어 먹기도 해요. 말린 국화는 아시아식품점에서 구할 수 있어요.

한천 가루

빨간 해조류로 만든 젤라틴 같은 건데 아시아 전역에서 디저트를 만드는 재료로 사용돼요. 젤라틴을 먹지 않는 채식주의자에겐 훌륭한 대체 음식이죠. 아시아식품점이나 건강식품점에서 구할 수 있어요.

사천고추

사천고추는 흑후추나 백후추, 매운 고추처럼 맵거나 자극적이지 않아요. 중국식품점이나 슈퍼마켓에서 구할 수 있어요.

차이

'마살라차이'라고도 하는 차이('spiced tea'란 뜻이에요)는 인도에서 마시는 음료수예요. 차에다가 여러 가지 인도 향신료와 허브와 함께 끓여 만들어요.

판단 잎

판단 잎은 음식을 찌거나 굽기 전에 싸는 용도로 쓰여요. 여러 동남아 국가에서는 디저트에 향을 가미하는 데 쓰는 재료이기도 하고요. 아시아식품점에 가면 신선한 잎이나 냉동제품을 구할 수 있어요.

다크팜슈거

말레이시아에서는 '굴라멜라카Gula Melaka'라고 불러요. 순수한 코코넛팜슈거는 황설탕이랑 맛이 비슷한데 이건 캐러멜과 버터스카치 느낌에 향미가 강해요. 다크팜슈거가 없다면 흑설탕으로 대체해도 좋아요.

크렘드카시스

블랙커런트를 으깨서 술에 절였다가 설탕을 넣어 만든 리큐르예요. 프랑스 부르고뉴 지방의 특산물이죠.

에스쁠레뜨 칠리

프랑스 에스쁠레뜨 지방의 피레네-아틀란티크Espelette, Pyrenees-Atlantiques에서 재배되는 다양한 칠리 중 하나예요.

수레국화 꽃잎

수레국화 꽃잎은 몇몇 차 블렌딩이나 허브티의 재료로 쓰여요. 샐러드에 넣어서 예쁜 색을 낼 수도 있죠. 건강식품점에서 구할 수 있어요.

뮈스까와인

흑자색 포도인 비티스 비니훼라Vitis vinifera 품종에서도 머스캣Muscat 포도로 만든 와인이에요. 색깔은 흰색부터 거의 검은색까지 다양해요. 뮈스까와인은 달콤한 맛과 꽃향기로 유명하죠.

포트와인

포트와인은 포르투갈산 강화와인이에요. 달콤한 레드 디저트와인이지만 드라이dry와 세미드라이semi-dry한 맛, 화이트 품종으로도 즐길 수 있어요.

묑스테르 치즈

미국의 뮌스터Muenster 치즈와 헷갈리면 안 돼요. '묑스테르제롬Munster-gerome'이라고도 하는 묑스테르 치즈는 맛이 매우 강해요. 프랑스의 알자스로렌Alsace-Lorraine과 프랑슈콩테Franche-Comte 사이에 있는 보주 산맥Vosges에서 생산하는 우유를 주원료로 만들어요.

가람마살라

인도 북부와 남아시아 요리에서 흔히 볼 수 있는 향신료예요. 지역에 따라 다양한 재료를 갈아서 만들어요. 식료품점 향신료 코너에서 구할 수 있어요.

똠얌 페이스트

똠얌 페이스트는 특유의 맵고 신 맛으로 유명해요. 향기로운 허브와 함께 쓰일 때가 많아요. 주로 레몬그라스, 카피르라임 잎, 가랑갈(생강의 일종), 라임주스, 다진 고추와 같은 신선한 재료를 섞어 만들어요. 아시아식품점에서 구할 수 있어요.

맛도, 건강도 채우는 홈베이킹!

브레드가든

브레드가든은 베이킹 재료와 도구는 물론 포장용품과 가전제품까지 홈베이킹과 관련된 전 영역에 걸쳐 온·오프라인 모두 진출해 있는 국내 유일의 홈베이킹 전문 기업입니다. 브레드가든의 직영 온라인쇼핑몰 비앤씨마켓에서 합리적인 가격과 다양한 이벤트를 만나보세요!

브레드가든 www.breadgarden.co.kr 비앤씨마켓 www.bncmarket.com
네이버 블로그 blog.naver.com/ezbaking 네이버 포스트 post.naver.com/ezbaking
페이스북 www.facebook.com/breadgarden1995 카카오톡 옐로아이디 @브레드가든

Bread Garden B&C MARKET

나만의 마카롱 (원제 : MACARON FETISH)

1판 1쇄 2019년 5월 10일

지 은 이 K. H. 림 초드코우스키
옮 긴 이 홍승원

발 행 인 주정관
발 행 처 북스토리라이프
주 소 경기도 부천시 길주로 1 한국만화영상진흥원 311호
대표전화 032-325-5281
팩시밀리 032-323-5283
출판등록 2016년 3월 8일 (제387-2016-000012호)
홈페이지 www.ebookstory.co.kr
이 메 일 bookstory@naver.com

ISBN 979-11-88926-06-0 14590
979-11-957611-6-6 (세트)

※ 이 책은 『마카롱 굽는 시간』의 개정판입니다.

※ 잘못된 책은 바꾸어드립니다.

이 도서의 국립중앙도서관 출판시도서목록(CIP)은 서지정보유통지원시스템 홈페이지(http://www.seoji.nl.go.kr)와
국가자료공동목록시스템(http://www.nl.go.kr/kolisnet)에서 이용하실 수 있습니다.
(CIP제어번호 : CIP2019013826)

동시대의 감성과 지성을 담아내는 **북스토리**(주)

북스토리 | 문학, 예술, 만화, 청소년
북스토리아이 | 유아, 어린이, 학습
북스토리라이프 | 취미, 실용
더좋은책 | 교양, 인문, 철학, 사회, 과학

마카롱을 선물할 때 활용하세요~!
매일 달콤하고 매력적인 마카롱을 만들어보세요.
마카롱 굽는 시간이 세상에서 가장 행복한 시간이 될 겁니다.
선을 따라 오린 데코페이퍼를 투명한 플라스틱 컵에 넣으면
마카롱을 만들어서 예쁘게 선물할 수 있어요.

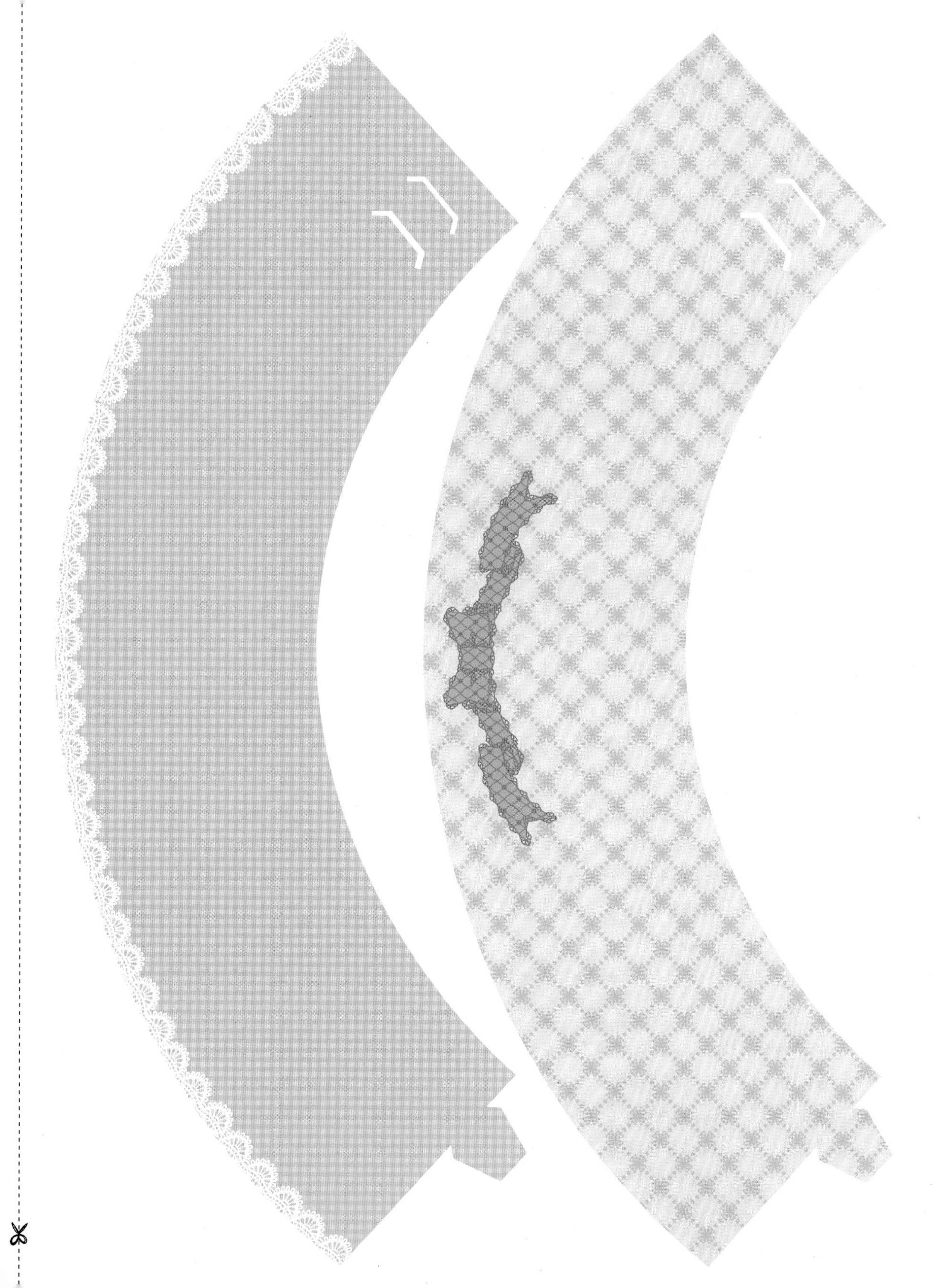